Jon Christoph Berndt®

Die stärkste Marke sind Sie selbst!

Jon Christoph Berndt®

Die stärkste Marke sind Sie selbst!

Schärfen Sie Ihr Profil mit Human Branding

Kösel

Für Christine

MIX
Papier aus verantwortungsvollen Quellen
FSC® C014496
FSC www.fsc.org

Verlagsgruppe Random House FSC® N001967
Das für dieses Buch verwendete FSC®-zertifizierte Papier
Munken Premium Cream liefert Arctic Paper Munkedals AB, Schweden.

5., überarbeitete und erweiterte Auflage 2014

Umschlag: 2005 Werbung, München
Umschlagmotiv: fotolia, moonrun
Satz: EDV-Fotosatz Huber/Verlagsservice G. Pfeifer, Germering
Druck und Bindung: GGP Media GmbH, Pößneck
Printed in Germany
ISBN 978-3-466-31034-0

Weitere Informationen zu diesem Buch und unserem
gesamten lieferbaren Programm finden Sie unter
www.koesel.de

»Eine Marke hat ein Gesicht wie ein Mensch.«[1]

Hans Domizlaff, deutscher Grafiker,
Werbepsychologe und Schriftsteller, 1939

»Ein Mensch hat ein Gesicht wie eine Marke.«

Jon Christoph Berndt®, deutscher Politologe,
(Selbst-)Vermarktungsexperte und Erfinder von Human Branding, 2014

Das Human Branding Arbeitsbuch von

______________________________®

Inhalt

Vorwort

Vom amerikanischen Autor Maurice Sendak gibt es ein Kinderbuch, eigentlich ist es ein Menschenbuch, das heißt: *Higgelti Piggelti Pop! Es muss im Leben mehr als alles geben.* Das Buch handelt von Jennie, einem wohlbehüteten Hund, der geliebt wird und alles hat. Genau deshalb verlässt Jennie ihr Zuhause, auf der Suche nach mehr: »Ich wünsche mir etwas, was ich nicht habe. Es muss im Leben noch mehr als alles geben!«[2], sagt sie und zieht fort …

Liebe Leserin, lieber Leser: Finden Sie heraus, was »Leben«, was »mehr« und was »alles« für Sie bedeutet. Ob es für Sie gut ist zu bleiben oder Zeit zu gehen. Was »bleiben« für Sie heißt und was »gehen« für Sie heißen kann – finden Sie es heraus mit Human Branding. Sie werden es erleben: Auf der Grundlage Ihrer starken Markenpersönlichkeit müssen Sie weniger tun, um mehr zu erreichen: mehr von dem, was Ihr Leben wirklich bereichert.

Zunächst, und davon bin ich überzeugt, werden Sie viel Freude am Erspüren dessen haben, was Sie wirklich ausmacht und wofür Sie wirklich stehen. Und Freude am Entwickeln Ihrer Marke.

Ich habe das Buch vollständig aktualisiert, außerdem erweitert um das Kapitel »Human Branding im Social Web«. So erfahren Sie auch, was Sie online dafür tun können, dass Sie profiliert und markenstark wahrgenommen werden.

Jon Christoph Berndt®

Das Versprechen

Sie kaufen doch wohl nichts, was nicht auf den ersten Blick schon ein »Produktversprechen« hat und Ihnen glasklar einen Nutzen verspricht? Investieren nicht 19,99 Euro und lassen sich dann auch noch Ihre kostbare Zeit stehlen? Sie werden dieses Buch schnell zu den Akten legen, wenn es Sie auf den ersten 20 Seiten nicht in seinen Bann zieht.

Ihre Zeit ist knapp. Ich muss mich anstrengen, um Ihre Lesergunst zu gewinnen. Ich habe es geschafft, wenn Sie sich mit *Die stärkste Marke sind Sie selbst! Schärfen Sie Ihr Profil mit Human Branding* an Ihren Schreibtisch setzen, das Buch mit ins Bett, in den Urlaub und in die Bahn nehmen, darin blättern und bis zum Schluss dabeibleiben, der ja auch Ihr »Anfang« sein wird.

Nehmen Sie sich für die Markenentwicklung etwa acht Wochen Zeit. Sonst geht sie zu rasch und es besteht die Gefahr, dass Ihre Marke nicht die nötige Substanz und Kraft hat. Und lassen Sie den Prozess nicht schleifen, nicht länger als sechs Monate dauern. Sonst wird Ihre Marke schnell verwässert und beliebig.

Wenn Sie das notwendige Maß an Zeit und Muße investieren – dann sind Sie eine Marke:

- Sie erkennen klar und eindeutig, wer Sie sind, wie Sie sind und wofür Sie stehen.
- Sie wissen, was Sie wirklich wollen.
- Sie erkennen Ihre Ziele und können abschätzen, wo Ihre Zeit, Ihr Herzblut und Ihre Kraft gut investiert sind.
- Sie haben die Grundlage für alles, was Sie tun.
- Und für alles, was Sie lassen – die Gewissheit, ganz viel von dem, was andere alles tun, nicht auch tun zu müssen.
- Sie sind zufriedener.
- Sie erhöhen die Wahrscheinlichkeit, dass Sie »Glück« (welch großes Wort!) verspüren.

Wenn das alles in Ihrem Leben eintrifft, haben Sie dann auch einen Nutzen? Von »Nutzen« möchte ich bei Menschen und ihrer Marke nicht sprechen. Sie bestimmt auch nicht: Es klingt zu rational, betriebswirtschaftlich; nicht gerade angenehm, fast un-menschlich, wo für eine starke Human Brand doch das Weiche, Emotionale ausschlaggebend ist. Lassen Sie uns deshalb lieber von Ihrem »Beitrag« sprechen – Ihrem Beitrag zur Gesellschaft, der Ihnen Relevanz verleiht. Von dem, was die Menschen an Ihnen interessiert, weshalb sie sich gern mit Ihnen abgeben. Dann haben Sie auch ein Versprechen:

- Sie bereichern das Leben anderer – dadurch, dass es Sie gibt.
- Ihre klare Persönlichkeit und Ihre klare Haltung sind spürbar.
- Sie werden eindeutig wahrgenommen.
- Sie ziehen andere in Ihren Bann.
- Sie bekommen die lukrativen Jobs und Aufträge.
- Sie sind gefragter Kritiker und Ratgeber.
- Sie werden berücksichtigt, wenn es um Entscheidungen geht.

Daran lasse ich mich messen:
Die 3 Produktversprechen von Jon Christoph Berndt®

1. Dieses Buch kommt mit bis ins Ziel: Wenn Sie sich innerhalb der nächsten zwei Monate dreimal pro Woche etwas ausgiebiger damit beschäftigen und nicht nur lesen, sondern auch viel aufschreiben, ist Ihre Marke entwickelt.
2. Mit Ihrer Marke haben Sie die Grundlage dafür, weniger tun zu müssen, um mehr zu erreichen. Sie beherrschen die hohe Kunst des richtigen Weglassens. Sie wissen, was Sie tun und weshalb Sie es tun: Es macht Sie selbst zur stärksten Marke mit einem klaren Profil.
3. Sollten Sie das anders empfinden, schicken Sie mir das Buch und den Kaufnachweis. Sie bekommen den Kaufpreis erstattet. (Adresse: siehe www.human-branding.de.)

Die Definition

Human Branding (engl., sinngemäß: Menschen zu Marken machen) beruht auf den anerkannten und bewährten Modellen und Methoden der modernen Markenarbeit und des Marketings für Produkte. Diese Techniken erschließt Human Branding für den Menschen, mit dem Ziel, dass er genauso einzigartig unterscheidbar von anderen Menschen ist wie seine Lieblingsmarken unter der Vielzahl an Herstellern und Produkten.

Die Markenpersönlichkeit des Menschen beschreibt, wer er ist und wie er ist; was ihn ausmacht und was sein wahrer Antrieb ist. Auf dieser Basis braucht er weniger zu tun, um mehr zu erreichen – begehrter sein, erfolgreicher sein, zufriedener sein. Das ist der Erfolg von Human Branding.

Einführung

Worum es geht

Es ist Samstagvormittag. Sie haben ausgeschlafen, lecker und ausgiebig gefrühstückt, und jetzt machen Sie sich auf zur Bäcker-Fleischer-Reinigungs-Runde; außerdem Schuster, Obstbude, vielleicht auch Geldautomat und Lottoladen … Sicher ist es bei Ihnen auch so: Es geht alles irgendwie automatisch, wie ferngesteuert. Eine alltägliche Situation, die Sie quasi im Schlaf bewältigen. Normalerweise verschwenden Sie überhaupt keinen Gedanken daran. Das Unterbewusstsein steuert Sie auf x-fach gegangenen Wegen zu Ihren Zielen. Dort kaufen Sie das, was Sie immer kaufen. Pure Gewohnheit.

Aber warum kaufen Sie, wo Sie immer kaufen und was Sie immer kaufen? Weshalb fahren Sie immer zum selben Baumarkt, obwohl direkt nebenan noch drei andere Baumärkte sind? Ist der Grund wirklich nur, weil Ihrer am nächsten liegt? Weil sich die penetrante Werbung auf die Festplatte in Ihrem Kopf eingebrannt hat? Oder ist es etwas ganz anderes, etwas viel Faszinierenderes, was Sie immer magisch in Ihren Lieblingsbaumarkt zieht?

Warum kaufen Sie im Supermarkt immer Ihre Lieblingsschokolade? Weshalb haben Sie überhaupt eine Lieblingsschokolade? Immerhin liegen da viele Marken und noch viel mehr Sorten im Regal vor der Kasse, wo Sie in der Warteschlange eigentlich viel Zeit haben zum Überlegen, ob Sie nicht mal so verrückt sein und eine andere ausprobieren sollten … Stattdessen greifen die Hände wie von selbst nach »meiner Marke« und »meiner Sorte«. Bei Waschpulver, Joghurt und Eis ist es genauso. Aber warum? Und – noch viel interessanter: Was können wir Menschen für uns selbst daraus lernen, dass wir bei Marken und Produkten erklärte Lieblinge und klare Favoriten haben, von denen uns so schnell keiner abbringt?

Wie können wir uns selbst so positionieren, präsentieren und vermarkten, dass wir beliebt und begehrt sind und andere Menschen sehr gern mit uns zu tun haben? Fragen über Fragen. Die Antworten gibt Human Branding.

Der Erfolg von starken und beliebten Unternehmen und Produkten, die wir alle mögen, kommt nicht von ungefähr: Alles, was sie tun (und vor allem, was sie lassen), beruht auf einer einzigartigen Grundlage dafür – ihrer Marke. Sie ist der Anfang von allem. Wir alle sind genauso einzigartig wie ein Unternehmen oder ein Produkt – auf unsere Art. Um diese Einzigartigkeit zu wecken, auf den Punkt zu bringen und erblühen zu lassen, wendet Human Branding die Modelle und Methoden aus der modernen Markenarbeit und dem Marketing auf den Menschen und seine besonderen Bedürfnisse an. Berücksichtigt wird dabei, dass Menschen eine Seele haben, dass sie lernen und reifen. Das heißt, eine Menschenmarke muss ganz besonders behutsam aufgebaut und gepflegt werden.

So groß sind die Unterschiede zwischen einer starken Produktmarke und einer starken Menschenmarke gar nicht. Ganz im Gegenteil: Die Techniken und ihre Wirkweisen sind gleich. Professor Georg Herbst, Kommunikationsexperte mit Lehraufträgen an Universitäten im In- und Ausland, schreibt bereits 2003 in seinem wissenschaftlich geprägten Pionierwerk *Der Mensch als Marke*, dass sich eine solche Marke strategisch und langfristig entwickeln lässt, sofern man die vier Schritte Analyse, Planung, Umsetzung und Kontrolle beherzigt.[3] Das ist stringent und einfach, genau wie bei Marken für Produkte. Man muss es nur wissen. Und, ganz wichtig, es sollte Ihnen liegen. Human Branding polarisiert nämlich, genauso wie es sich für eine starke Marke gehört. Sie werden es lieben oder hassen. »Egal« gibt es nicht. Sollten Sie es hassen lernen, schenken Sie das Buch Ihrem ärgsten Feind. Er wird es lieben.

Nicht alles Gute ist gut für alle, und das ist auch gut so. Wenn Human Branding gut für Sie ist, identifizieren Sie sich damit, öffnen Sie sich dem Thema und seinen Techniken und lassen Sie es an sich heran. Falls Sie jetzt noch etwas skeptisch sind, werden Sie bald überzeugt sagen: Marke ist gar nicht so mystisch, gar nicht so kompliziert. Was meine Lieblingsprodukte erfolgreich macht, kann mich auch erfolgreich machen. Ich beginne dafür zu brennen! Ganz einfach, weil ich mit Human Branding meinen Antrieb und meine Mission herausfinde und festschreibe. Mit diesem Markenvirus, er ist vollkommen ungefährlich und hoch effektiv, möchte ich Sie infizieren.

Der Mensch lässt sich heutzutage, besonders in wirtschaftlich angespannten Phasen, in Teilen gut mit einem Produkt vergleichen. Im gesellschaftlichen Miteinander muss er sich immer stärker gegen andere behaupten, im Berufsleben genauso wie privat. Passt er nicht auf, wird er austauschbar. Dann geht es schnell, dass die Umstehenden ihn nicht mehr auf der Rechnung haben. Wie un-menschlich es häufig in der Wirtschaft zugeht, wird deutlich, wenn von »Humankapital« oder »Outplacement« die Rede ist. Im Privaten stehen stellvertretend für diese Beliebigkeit Online-Partnerbörsen, die sich damit brüsten, Millionen einsamer Herzen zumindest derart zu vereinen, dass sie dort gemeinsam einsam sind und um die Gunst ihrer Mitmenschen buhlen: Zugreifen, meine Damen, meine Herren, wie beim Aale-Dieter auf dem Hamburger Fischmarkt: »Noch eine Scholle und 'n Aal, eine Fluganana, eine Yucca-Palme und, weil ich heute Geburtstag habe, noch 'ne Tüte Waffelbruch – alles für 'n Zehner!« Ein tolles Erlebnis, der Dieter ist auf jeden Fall eine Marke, aber verkaufen muss er sich mit viel Geschrei und vor allem, indem er ganz viel in die Tüte packt und das Ganze dann für kleines Geld verkauft. Wünschen Sie sich auch, dass Sie weniger schreien und weniger in die Tüte packen müssen und mehr dafür bekommen?

Der Mensch ist nicht davor gefeit, seine »Lebensstellung« in einem Konzern (der Opa hatte hier bestimmt noch eine) von heute auf morgen zu verlieren; seine Ein-Mann-Existenz aufgeben zu müssen; verlassen zu werden oder zu verlassen, weil es anderswo, in den Armen eines anderen Menschen, noch viel schöner, wärmer, besser ist. Jedoch: Machen wir uns da nicht etwas vor? Was heißt schon schneller, höher, weiter, worum es heute vielfach geht? Heißt es schneller fahren, höher bauen, weiter reisen? Oder heißt es vielmehr schneller zur Ruhe kommen, höhere Zufriedenheit erfahren, weiter in uns hineinspüren? Es ist wie immer im Leben – eine Frage der Auslegung und der Interpretation.

Wir wollen den Sinn des Lebens erfahren, der uns auf der weiten Erde sein lässt, der uns froh sein lässt und im besten Falle, wenn auch nur für einen Moment, im wahrsten Sinne des Wortes – glücklich.

Wir leben in einer Zeit, in der wir alles tun können – und alles bleiben lassen. Nur was? Dabei wird die Gefahr immer größer, dass der Mensch auslaugt: Er weiß nicht mehr, wofür er wirklich steht, was er wirklich kann, was er wirklich mag; beruflich wie privat. Stopp! Wofür schlägt mein Herz wirklich? Ohne was kann ich nicht sein? Was macht mich süchtig, wie es das teuerste Rauschmittel nicht kann? Das gilt es wiederzuentdecken. Am schönsten: Wenn ich weiß, wofür ich wirklich stehe, was ich wirklich kann, was ich wirklich mag, dann kann ich alles andere tatsächlich einfach sein lassen. Ist das nicht wunderbar? Einfach loslassen, all dem ganzen Kram, den ich nicht brauche, und den ganzen Zeit- und Nervenräubern eine lange Nase zeigen.

In diesem Buch gehe ich mit Ihnen den Weg zu Ihrer ganz persönlichen starken Marke. Was haben Sie davon? Nun, diese Marke gibt Ihnen die Leitplanken dafür, nicht alles ein bisschen zu tun, sondern genau das, was Sie ausmacht, wofür Sie brennen, wo es sich lohnt zu investieren, all Ihre Hingabe und Kraft hineinzustecken. Und sie gibt Ihnen ein gutes Gefühl dabei. Der Weg ist für jeden Menschen ein anderer, es gibt so viele verschiedene, wie es unterschiedliche Menschen und ihre Ziele und Wünsche gibt. Vor allen Dingen gibt es *Ihren* Weg zu *Ihrer* wahren Essenz und zu *Ihrem* wahren Antrieb, dem dieses Buch die Richtung weist. Genau wie den Managern, Freiberuflern, Einsteigern und Wiedereinsteigern in den Beruf und den Arbeitsuchenden, die mit Human Branding im Coaching und im Seminar ihre Richtung finden und schärfen.

Ihren Weg weitergehen, dann mit den Leitplanken Ihrer starken Marke links und rechts, werden Sie ganz von selbst. Damit die Aussagen im Marken-Ei und die ergänzenden Aussagen, die es nur für Sie gibt, draußen in der Gesellschaft wahr und spürbar werden. In der Familie, im Beruf, in der Freizeit. Die Marken-Leitplanken geben Ihnen die Orientierung und lassen auf Ihrem Weg gleichzeitig Raum für Unvorhergesehenes, das das Leben immer mit sich bringt. Am

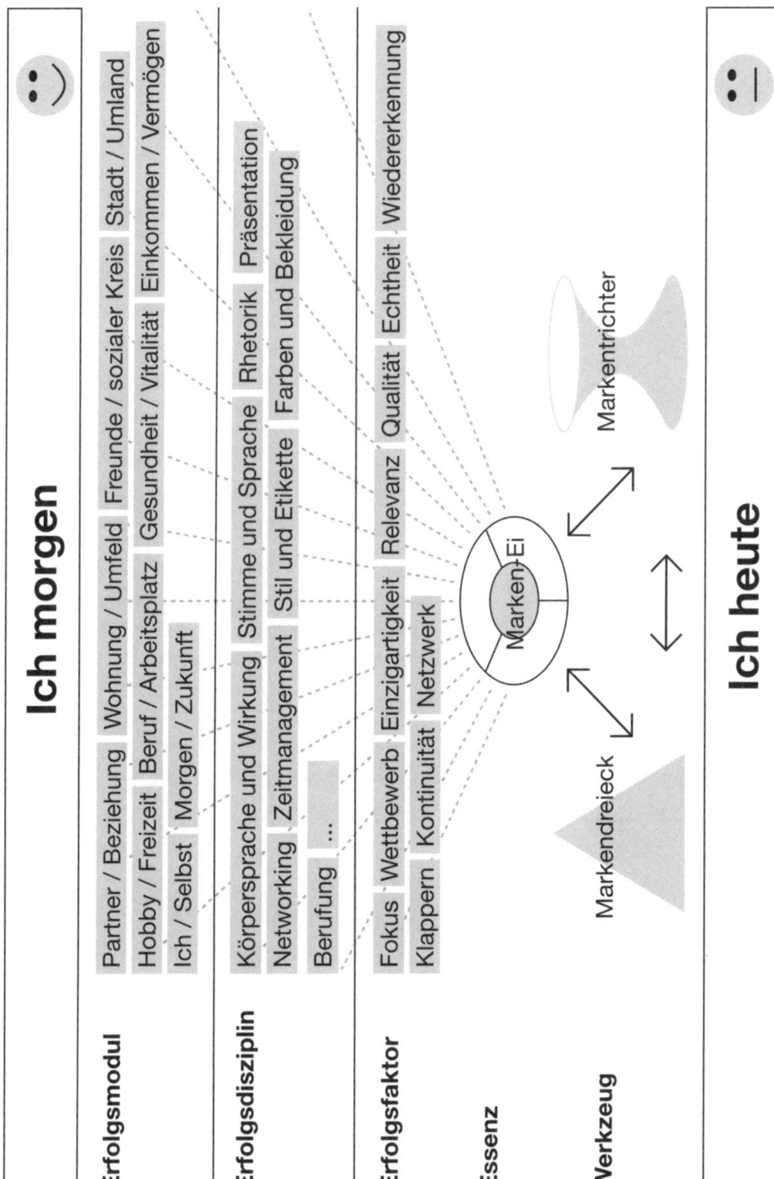

Der Markenentwicklungsprozess: Alles hängt mit allem zusammen.

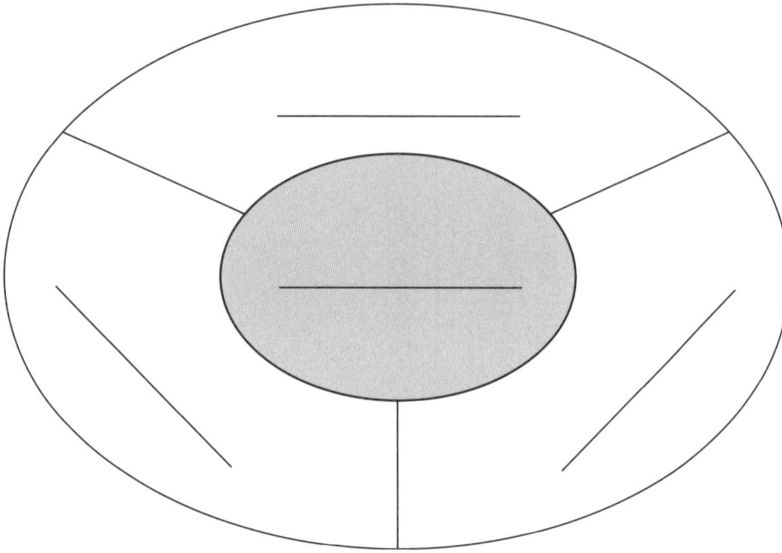

Das »Marken-Ei«: Hiervon geht alles aus: Ihre Marke, Ihr Antrieb, Ihre Ziele und die Wege dorthin. In der Mitte steht bald Ihr Markenkern, Ihr ultimativer nützlicher Beitrag zur Gesellschaft. Was lösen Sie aus? Es ist das, weswegen es ganz besonders gut ist, dass es Sie gibt. Außen herum stehen Ihre Markenwerte. Sie machen den Markenkern glaubhaft und griffig.

wichtigsten: Ihre Markenpersönlichkeit ist die Grundlage für alles, was Sie tun – und für alles, was Sie lassen.

Ihre Marken-Persönlichkeit leben

Wie Sie Ihre entwickelte Human Brand in allen Lebensbereichen leben und erlebbar machen, steht in meinem gelben Buch *Die stärkste Marke sind Sie selbst! Das Human Branding Praxisbuch*, erschienen ebenfalls im Kösel-Verlag.

Human Branding: Gebrauchsanregungen

Wendet man die Kriterien der klassischen markenstrategischen Arbeit auf Sie an, wird man feststellen, dass auch Sie bereits eindeutig mit Merkmalen einer Marke ausgestattet sind. Wie jeder Mensch. Seit dem ersten Tag Ihres Lebens, ob Sie wollen oder nicht. Den Spruch »Du bist vielleicht 'ne Marke!« haben Sie bestimmt auch schon gehört. Bewundernd oder verächtlich gemeint, und Sie haben ihn voller Freude oder entsprechend abschätzig aufgefasst. Nun arbeiten Sie bewusst an Ihrer »Positionierung«, an Ihrer Marke also, und damit an Ihrer Wahrnehmbarkeit im Umfeld all der anderen Menschen, von denen einige durchaus Ihre Konkurrenten sind. Sie betrachten die Kriterien und Ihre Merkmale von allen Seiten, nehmen viele weitere hinzu und verwerfen viele wieder, lassen alle Mosaiksteinchen schließlich auf diesen einen Punkt zulaufen, der Sie, *genau Sie*, ausmacht.

Bei der Beschäftigung mit solch sensiblen Themen wie der eigenen Persönlichkeit, mit Befindlichkeiten, Wünschen und Zielen sind mir ein paar Dinge ganz besonders wichtig, auf die ich Sie bitte zu achten:

1. *Entwicklungszeit:* Human Branding darf, kann und soll Spaß machen. Arbeiten Sie mit Muße an Ihrer Marke, also nicht in der eingequetschten Stunde zwischen Nachhausekommen und Abendbrot. Ihre Gedanken kommen hier nämlich nicht nach der Uhr. Geben Sie sich stattdessen einen festen zeitlichen Rahmen, zum Beispiel dreimal in der Woche zwei Stunden. Füllen Sie diesen Rahmen flexibel aus, und zwar zu einem Zeitpunkt, wenn Sie gerade den Tatendrang dafür verspüren. Zuhause genauso wie in der Bahn und im Urlaub.
2. *Muße:* Setzen Sie sich für Ihre Markenarbeit an Ihren Lieblingsplatz, wo Sie ungestört sind. Spielen Sie leise (oder auch ganz laut!) Ihre Lieblingsmusik, schalten Sie das Handy aus. Nehmen Sie dieses sogenannte Setting für Ihre Markenarbeit genauso ernst wie das für das Familientreffen oder die Weihnachtsbäcke-

rei. Da muss ja auch alles stimmen, damit es gut gelingt. Legen Sie Folgendes bereit: dünne Filzstifte und dicke Textmarker, große, selbstklebende Haftnotizen und all die guten Sachen zum Essen und Trinken, die die harte Markenarbeit versüßen.

3. *Arbeitsbuch:* Hier in dieses Buch dürfen Sie endlich mal wieder nach Herzenslust kritzeln, markieren, schreiben, durchstreichen, neu schreiben. Ich empfehle es Ihnen sogar. Ihr Markenentwicklungsprozess lebt von den Gedanken, die fließen, auch aufs Papier, von den Anmerkungen am Rand, vom Blättern vor und zurück – von Klebezetteln, Eselsohren (ja, sogar von denen), Textmarkern, Handschriftlichem. Trauen Sie sich, ein solches Buch ist ein Begleiter, und bei mir sehen diese Begleiter auch so aus.
4. *Struktur:* Vielleicht sind Sie auch so jemand: Ich lese Bücher gern von hinten nach vorn, schmökere hier und dort mal rein und lasse das eine oder andere Kapitel aus. Sehr empfehlenswert ist hier, zumindest die Hauptkapitel »Von Marken und Menschen« (Seite 27 ff.) und »Die Markenbaupläne« (Seite 75 ff.) ganz klassisch von vorn nach hinten zu lesen. Weil Sie diese Basis dafür brauchen, die darauf folgenden Erfolgsfaktoren voll und ganz für Ihr Human Branding nutzbar zu machen. Außerdem bauen einige der Arbeitsblätter aufeinander auf. Bei den Erfolgsfaktoren ist die Reihenfolge nebensächlich, alle Faktoren sind für eine starke Marke gleich wichtig; wesentlich ist allein, dass Sie auch alle berücksichtigen. Hier ist also Springen erwünscht, vor und zurück, auch zu den Anfangskapiteln, in bereits seichtes und in auch für Sie noch ganz schön tiefes Wasser.
5. *Aktivitäten:* Notieren Sie sich am Ende jedes Kapitels die drei wichtigsten Gedanken, die beim Lesen gerade rund um Ihre Human Brand kreisen. Spinnen ist erlaubt! Wenn Sie nicht alles aufführen, sondern nur das Essenzielle, werden Sie gleich einer der ganz großen Anforderungen an die Markenarbeit gerecht: Nicht alles hernehmen, bedenken, verwursten; sondern nur das Wichtige. (Natürlich passen hier auch mal vier oder fünf Gedanken rein, auch auf ein Extrablatt, aber eben möglichst nicht 40 oder 50.)

Diesem Buch ist außerdem ganz am Ende die Seite mit Ihren persönlichen Zugangsdaten zur Human Branding Online-Schatzkiste beigefügt. Sie finden den geschlossenen Bereich auf www.human-branding.de. Geben Sie dort Ihren Usernamen und Ihr Passwort ein. Dann haben Sie Zugang zu allen Arbeitsblättern und Abbildungen, ebenso zu den Arbeitsblättern der Experten im *Human Branding Praxisbuch.* Sie geben konkrete Umsetzungstipps in allen Erfolgsdisziplinen, von Körpersprache über Networking bis Berufung und Social Web. Sie können sie direkt ausdrucken. Schließlich gibt es am Ende jedes Kapitels die Merksätze, auch geeignet als Schnelllese-Zusammenfassung, wenn Sie hin- und herspringen. Markieren Sie die Sätze, die für Sie besonders wichtig sind. Und wenn Ihres Erachtens einer fehlt, schreiben Sie ihn einfach dazu (und mir sehr gern eine Mail).

6. *Markenlandschaft:* Schaffen Sie sich zuhause einen Bereich an einer Wand, der nur Ihnen und Ihrer Markenentwicklungsarbeit gehört. Sie brauchen dafür ein bis zwei Quadratmeter an einer Stelle, an der Sie jeden Tag vorbeikommen. Zum Beispiel über dem Schreibtisch in Ihrem Arbeitszimmer, auch der Hobbyraum ist gut geeignet. Hier, an Ihrer Markenwand, befestigen Sie die ausgefüllten Arbeitsblätter, hängen im Lauf der Zeit neue auf und zerknüllen die alten. Hier ist Platz für Fotos und Klebezettel mit Ihren Notizen. Sie werden sehen: Mit der Zeit wächst und gedeiht Ihre Markenlandschaft. Sie nimmt sich dann den Raum in Ihrem Alltag, den sie verdient. Befestigen Sie die Papiere bitte mit tesa Powerstrips, auf die gehe ich weiter hinten noch genauer ein. Oder mit Pritt Multi-Fix, die verwenden wir; sie sind kleiner, man kann sie hälfteln und vierteln, vor allem sind sie günstiger. Dafür ist die Marke nicht so stark. In beiden Fällen haben Sie den Vorteil, dass die Dinger wieder abgehen, ohne dass der Putz mit runterkommt.
7. *Zwei-Jahres-Horizont:* Wenn Sie Ihre Human Brand entwickeln, tun Sie das nicht für heute (das bringt nichts, weil Ihre Marke dann ja morgen schon von gestern ist), sondern für morgen. Es geht also um Ihre »Soll-Positionierung«: Wie sind Sie morgen

wahrnehmbar? Eine Marke braucht Zeit zum Reifen und zum Erblühen. Bei unserer Markenarbeit für Unternehmen und Produkte ist dieser Zeitraum unterschiedlich lang. Manche Auftraggeber haben es sehr eilig, weil ihr neues Produkt teuer entwickelt wurde und nun möglichst schnell Geld verdienen soll. Beim Human Branding empfehle ich, einen Zwei-Jahres-Horizont zu setzen. Das ist nicht zu kurz und nicht zu lang. An diesem Horizont vereinen sich Ihre Markenbausteine, die heute bereits da sind, mit den Bausteinen, bei denen derzeit noch der Wunsch Vater des Gedankens ist. Das bedeutet, die Marke hat etwa diesen Zeitraum, um lebbar und erlebbar zu werden, für Sie wie für andere. (Wie bei einem größeren Gebäude: Wenn der Architektenplan freigegeben ist, dauert es auch zwei Jahre, bis wirklich alles fertig und belebt ist.) Sie wächst in den Rahmen hinein, den Sie ihr geben. Mit großen und kleinen Zielen, großen und kleinen Aktivitäten zur Zielerreichung, vielen Gedanken, alten Zöpfen, die Sie abschneiden, und heiligen Kühen, die Sie schlachten.

8. *15-Jahres-Horizont:* Eine Marke muss derart trefflich und stark sein, dass sie lange hält. Nur wenn Sie Ihre Markenarbeit darauf ausrichten, lohnt sich die Mühe. Sie kennen das von den Produkten, denen Sie seit Jahren und Jahrzehnten vertrauen: In der Regel ist ihre Marke schon mindestens genauso lange die Basis für alle Aktivitäten rund um diese Lieblingsprodukte und damit auch für Ihre Wahrnehmung. Sicherlich ist im Lauf der Zeit, wenn sich zum Beispiel die wirtschaftlichen Rahmenbedingungen oder die Konkurrenzsituation verändern, auch mal Raum für Justierungen an der Marke. Aber sie sollte nicht alle Nase lang umgestülpt, ihr Inneres nach außen gekehrt werden. Das bedeutet dann Verunsicherung, vergeudete Kraft und Zeit, im schlimmsten Fall den Marken-Gau. Auch Ihre Human Brand ist, wenn Sie sie mit Inbrunst und Geduld angehen, auf 15 Jahre plus x ausgelegt, wobei x ruhig auch für ein Leben lang stehen darf; es sollte das sogar.
9. *Verschriftlichen:* Arbeiten Sie mit Stift und Papier. Sonst sind Ihre Gedanken einmal so und einmal so, und Sie wissen nicht mehr

genau, wie es gestern oder vergangene Woche war, als Sie sich ganz sicher waren, dass Sie dieses große Ziel haben und jenes kleinere dafür guten Gewissens hintanstellen wollten, dass der eine Wunsch viel größer ist als der andere, Ihre eine Fähigkeit viel mehr als die andere zu Ihrer Persönlichkeit passt. Es ist wie bei den Silvesterplanungen fürs neue Jahr: Indem Sie Ihre Gedanken aufschreiben, werden die Nebelschleier nicht ganz so undurchschaubar, die sich mit der Zeit ganz automatisch über die guten Vorsätze legen.

10. *Spaß:* Achten Sie darauf, dass er bei der Markenarbeit nicht zu kurz kommt!

Beispiel: Drei Menschen und ihre Human Brands (I)

Jasmin Zorn[4] ist Ende 30, Ärztin bei der Bundeswehr und ausgeprägte Naturfreundin. Sie wohnt auf dem Land, allein, in einem wunderschönen, gottverlassenen Holzhaus. Im Sommer ist ihre Verpflichtungszeit bei der Bundeswehr vorbei. Dann will sie drei Monate allein nach Thailand, ein kurzes Sabbatical. Auch weil sie sich wieder selbst spüren möchte. Es nervt sie, dass sie sich oft in »hätte, könnte, würde« ergeht, unkonkret bleibt, sich immer wieder zu etwas überreden lässt, was sie eigentlich gar nicht möchte. Auch kann sie ihre vielen kleinen und großen Erfolge nicht anerkennen, geschweige denn, dass sie sie feiert. Seit sie von zu Hause weg ist, kann sie nicht dazu stehen, dass sie in der DDR aufgewachsen ist. Sie beendet gerade eine Psychotherapie.

Das Ticket nach Thailand ist schon gekauft, der Abreisetag steht fest. Seit einiger Zeit hat Jasmin Zorn einen neuen Partner, obwohl sie eigentlich erst einmal gar keine Beziehung wollte. Er hat sich, so fühlt es sich für sie an, in ihr Leben gedrängt. Der Freund lebt in der Stadt, etwa eineinhalb Autostunden entfernt. Die beiden haben abgemacht, dass er nachkommt nach Thailand, damit sie einige Wochen gemeinsam reisen und noch besser herausfinden können, ob ihre Beziehung Substanz hat. Etwas ist da noch, das eher Schatten als Freude auf all ihre Gedanken und Pläne wirft: Frau Zorn ist ungewollt schwanger von ihrem Freund. Er dagegen freut sich auf das Kind und möchte mit ihr zusammenleben.

Für Jasmin Zorn bricht ihre Welt zusammen, es ist sehr viel auf einmal: Kind, Beziehung, Sabbatical, Arbeitsplatz, Wohnort … Das Leben ist aus den Fugen geraten, es stellen sich ihr eine Menge Fragen. Die Zeit bei der Bundeswehr ist bald vorbei, soll sie eine eigene Praxis aufmachen oder lieber angestellt im Krankenhaus arbeiten? Soll sie das Kind bekommen? Was bedeutet das für den Fall, dass sie sich von dem Vater trennt; auch finanziell, wenn sie als alleinerziehende Mutter nicht voll arbeiten kann? Soll sie denn mit ihrem Freund zusammenbleiben? Was wird dann aus ihrer Liebe zur Natur, gerade weil er sich – schon aus beruflichen Gründen – auf die Stadt angewiesen fühlt?

Dr. Peer Mertens ist gestandener Manager in der Personalwirtschaft. Er ist Anfang 50 und lebt mit seiner Frau in einem großen Anwesen am Stadtrand. Dort hat er auch sein Büro. Die beiden Kinder sind groß und seit einigen Jahren aus dem Haus. Er muss nicht mehr arbeiten, aber er will. Allerdings nicht mehr in den komplexen Strukturen der einschlägigen internationalen Personalberatungs-Dienstleister, sondern lieber als profilierter Einzelkämpfer, der sich seine Headhunting-Mandate aussuchen kann. Die Anlagen dafür bringt er mit: Er ist sehr bekannt in der Szene, nachweislich überaus erfolgreich, gut vernetzt.

Wichtig ist Peer Mertens, dass die Arbeit ihn erfüllt und ihm gleichzeitig endlich den Raum lässt für ein anspruchsvolles Privatleben mit den Elementen Partnerschaft, Reisen und Kultur. Am liebsten wären ihm ein paar lukrative Aufträge, die er auswählt, dazu die wirklich wichtigen Networking-Anlässe. Aber wo ist das richtige Maß? Wo soll er ansetzen, um nicht doch alles nur ein bisschen zu machen und sich dann in seiner überaus vernetzten Welt heillos zu verzetteln? Außerdem kennt er nach 30 Jahren in einem stressigen Job diese gewisse »Bis hierhin und nicht weiter«-Grenze nicht mehr, die Freiräume schafft und erhält und dadurch seine Ansprüche an das Privatleben umsetzen hilft.

Peer Mertens ist immer noch ein Getriebener und kann es nicht lassen: Nebenher baut er mit Partnern noch ein, zwei kleine Firmen auf, die sich mit Spezialdisziplinen der Personalberatung beschäftigen. Hier will er eigentlich nicht allzu sehr operativ tätig sein, aber er ist es irgendwie doch. Gerade in der Anfangszeit, von der niemand weiß, wie lange sie dauert.

Birgit Fegert ist ehrgeizig, belastbar und geduldig. Jetzt will sie aber endlich raus aus ihrer Tretmühle: Mit Mitte 30 hat sie in einer großen Unternehmensberatung alles gesehen und erlebt, für das es sich lohnt, nie zu Hause zu sein. Sie lebt das typische Leben eines Strategieberaters – montags bis freitags im Hotel, arbeiten von sehr früh bis ganz spät, keine Zeit für private Erledigungen und Vergnügungen. Wenn sie dann zum Wochenende nach Hause kommt, sind die paar Freunde und Bekannten meist schon verabredet oder sogar abgereist ins Wochenende in den Bergen. Ihr fehlt die Kraft dazu, selbst einmal etwas zu organisieren, geschweige denn neue soziale Kontakte zu knüpfen.

Birgit Fegert fragt sich immer häufiger, warum sie das alles macht, sich das alles zumutet. Allmählich möchte sie die ersten Früchte der ganzen Entbehrungen ernten. Dazu gehört für sie ein eindeutiger Lebensmittelpunkt. Das ist mehr als nur die Wohnung in der Stadt, in der sie leben möchte, in der sie aber fast nie ist. Sie möchte wissen, wo sie hingehört. Dazu gehört ein funktionierender sozialer Kreis mit Freundschaften und Bekanntschaften, die sie aufbauen und pflegen kann. Außerdem gehört regelmäßig Sport in dem Fitnessstudio dazu, für das sie seit Jahren nur bezahlt. Sie möchte allmählich wieder eine feste Beziehung zu einem Partner, mit dem sie sich eine gemeinsame Zukunft aufbauen kann. Dazu gehören auch Kinder.

Ihren Vorgesetzten in der Firma hat Birgit Fegert schon einmal nach der Möglichkeit gefragt, nur vier Tage die Woche beim Mandanten und dafür einen Tag in dem Büro zu arbeiten, das ihr Arbeitgeber an ihrem Wohnort hat. Der war nicht begeistert, gerade jetzt, wo er sie endlich zur Senior-Beraterin machen will. Das gefällt ihr schon, aber es bedeutet dann noch mehr Arbeit und weiterhin Alleinsein irgendwo im Hotel, außerdem sicherlich weiterhin fünf Tage Arbeit vor Ort beim Kunden. Sie denkt daran, ganz auszusteigen und von ihrem Ersparten eine Weiterbildung zum Trainer und Coach zu machen. Dann könnte sie freiberuflich trainieren und coachen. Dabei würde sie sich, soweit es geht, um Projekte in der näheren Umgebung konzentrieren. Aber soll sie das alles tun? In der jetzigen Zeit?

Die Markenpersönlichkeiten der drei finden Sie im Kapitel »Beispiel: Drei Menschen und ihre Human Brands (II)«, Seite 227 ff.

10 Human Branding Regeln für Verlierer

1. Unterscheide dich wenig von anderen Menschen!
2. Sei mit dem, was du erreicht hast, zufrieden!
3. Rede den anderen nach dem Mund!
4. Umgib dich nur mit Menschen, die dich kennen!
5. Gib dich jedem Trend hin!
6. Gehe immer allein Mittag essen!
7. Unterstütze niemanden ohne Gegenleistung!
8. Miss dich an deinen schwächsten Konkurrenten!
9. Glaube und hoffe mehr, als du weißt!
10. Vergiss alle Geburtstage!

Von Marken und Menschen

Marken geben uns ein gutes Gefühl

Bestimmt haben Sie auch eine Idee davon, was eine Marke ist. Jeder von uns weiß etwas darüber und hat seine ganz eigenen Vorstellungen. Das liegt daran, dass wir, überall wo wir gehen und stehen, Marke!, Marke!, Marke! hören:

- »Wenn ich was kaufe, dann Markenprodukte – die sind zwar ein bisschen teurer, aber sie halten länger!«
- »Mein Pulli ist von einer tollen Marke, da sind die 200 Euro auch gerechtfertigt!«
- »No-Name-Winterreifen kommen für mich nicht infrage. Ich nehme Markenreifen!«

Da stehen wir dann mit unseren Markenprodukten, haben unsere Wünsche befriedigt und der Erwartungshaltung unserer Mitmenschen entsprochen. Und nun, was haben wir davon? Nun ja – vor allem ein *gutes Gefühl*. Ist das nicht schön?

Während ich diese Sätze schreibe, trage ich Folgendes: Eine dunkelbraune Röhrenjeans von Nudie; ein bunt gestreiftes Hemd, Paul Smith (der ist bei mir ziemlich angesagt); einen taubengrauen Strickpullover von Chicama, was Französisches made in Peru; die Unterhosen von Hanro, Fabrikverkauf in Liestal; braune, rahmengenähte Schuhe, Ermenegildo Zegna, Spezialrabatttage für »Stammkunden«. (Das ehrt mich, nach einem Gürtelkauf im Affekt schon Stammkunde mit Sonderschnäppchenberechtigung!) Ich bin ein Marken-Fetischist, vielleicht sogar ein Marken-Junkie!

Ich fühle mich gut in den Sachen und habe manchmal, aber wirklich nur manchmal, eher selten, leichte Zweifel daran, dass ich noch richtig ticke: 160 Euro für eine Jeans? 210 Euro für ein Paar Schuhe? 310 Euro für *eine* Pendelleuchte *Doo-Wop*, das Original von Louis

Poulsen, und ich habe gleich drei, in Hellblau, Hellgrün und Hellrot. Okay, es gab ordentlich Nachlass über Beziehungen, und sie waren ein Geschenk zum Einzug in die neue Wohnung, aber die Pendelleuchten von Ikea pendeln ja auch und machen ja auch schön hell! Nun ja, einmal im Leben in dieser neuen Wohnung mit den hohen Decken – echtes dänisches Design, das musste jetzt sein.

Wir können es drehen und wenden, wie wir wollen: Marken machen uns glücklich und froh wie den Mops im Haferstroh. Oder wie würden Sie das Gefühl beschreiben, das Sie umschmeichelt, wenn Sie gleich nach der ausgiebigen Baumarkttour mit dem Qualitäts-Akkuschrauber für die echten Bauprofis unterm Arm, dem Traum Ihrer schlaflosen Nächte, runter in den Hobbykeller an die Werkbank stürzen, und das Ding war noch mal 20 Euro günstiger als das in der Samstagsbeilage Ihrer Tageszeitung? (Es muss Ihnen keiner sagen, dass der baugleiche Apparat beim Discounter anders heißt und anders kostet.) Wie würden Sie das Gefühl bezeichnen, das Sie beschleicht, wenn Folgendes passiert: Sie ziehen mäßig gelaunt die Einkaufsmeile auf und ab, es nieselt schräg von unten in die Hosenbeine rein, um Sie herum hustet und schnieft alles. Sie sind unruhig: Die Augen wollen endlich Stoff, die anderen Sinnesorgane sowieso. Da sehen Sie *es*, und plötzlich öffnet sich Ihre Vorstellungswelt; zunächst eher nebulös, dann sind Sie inspiriert, bald elektrisiert, endlich hypnotisiert. Seh-Sucht wird zur Sehn-Sucht, das Nebennierenmark stößt die Stresshormone Adrenalin und Noradrenalin aus, Cortisol kommt dazu, schon pocht das Herz, die Finger werden warm, das ist der Moment: Sie müssen es *jetzt* haben, dieses sündteure Teilchen Wäsche (die Sonnenbrille, das Parfum) in der Auslage des Geschäfts, in dem es durchs Schaufenster so wohlig warm und kuschelig aussieht. Warme, rötliche Farben, schöne Menschen, Logos von Palmers, Victoria's Secret, Passionata ... Vor lauter Bedürfnisbefriedigung vergessen Sie das Feilschen und lassen eine in diesem Sinne tief bewegte Verkäuferin in der Abenddämmerung zurück. Das, liebe Leserinnen und Leser, ist Marke!

MERKE

- Starke Marken geben ein gutes Gefühl.
- Sie bewirken, dass wir Umwege fahren und lange suchen, um sie zu bekommen.
- Sie machen zufrieden, weil sie Vorstellungswelten eröffnen und die Erlebnissucht der Sinne befriedigen.

MEINE DREI GEDANKEN

____

____

____

AKTION

1. Betrachten Sie sich im Spiegel: Was haben Sie an und, vor allem, warum? Tragen Sie auch die Jeans von *Ihrer Marke*? Warum bloß? Was haben Sie dafür bezahlt? Welches Logo ist auf Ihrem Auto? Berührt es Sie, sind Sie froh, gar stolz darauf, dass es ausgerechnet *dieses* Logo ist? Haben Sie eine Erklärung dafür? Welche Marken fallen Ihnen ein, wenn Sie an Dessous denken: Welche möchten Sie am liebsten Ihrer Partnerin schenken, welche verdammt gern von einem Mann geschenkt bekommen? Wie steht es um Ihre Möbel (Ikea oder Rolf Benz oder beides?), die Küche (Roller-Möbelmarkt oder Poggenpohl?), Ihr Lieblingsparfum (vermutlich nicht das nachgemachte aus der Lidl-Aktion für sechs Euro), Ihr Shampoo (Rice & Wheat Volumizing von Kiehl's oder Mildeen von Aldi), die Rasiercreme (Nivea oder Florena?) und die Nachtcreme (Perle de jeunesse nuit von Carita oder die Pro-Vital-Linie von Oil of Olaz)?
2. Machen Sie die Augen zu: Welche Gefühle entstehen, wenn Sie an die Marken in Ihrem privaten Umfeld denken? Erschließen Sie sich Ihre eigene Markenwelt und die Antworten auf die Frage, weshalb Sie gerade für diese Handtasche oder jenen Rasenmäher viel mehr investieren, als Sie es für ein ebenso taugliches anderes Produkt müssten. Macht es Sie manchmal sogar – glücklich?

Die Marke gibt uns Orientierung

Bei Google gibt es mehr als 50 Millionen Ergebnisse, wenn man »Marke« eingibt. So unglaublich es klingt, es ist aber gut vorstellbar, dass es auch genauso viele Unternehmens- und Produktmarken gibt. Oder weniger. Oder viel mehr. Ist auch nebensächlich. Klar ist aber, dass die 3 000 Markenbotschaften irgendwoher kommen müssen, denen jeder von uns jeden Tag ausgesetzt ist. Außerdem werden in Europa jedes Jahr 38 000 neue Marken angemeldet. Und bei all den Zahlen, Thesen, Strategien und Projekten rund um so hochtrabende Begriffe wie »Markentechnik«, »Markenmanagement« und »Markenkommunikation« muss man aufpassen, dass man vor lauter Definition und schlauer Theorie nicht das Wesentliche aus den Augen verliert: Eine starke Marke zu kreieren ist zwar nicht einfach – aber es ist auch nicht allzu schwer. Wichtig dabei ist, dass Sie

- vom Sinn des Unterfangens überzeugt sind,
- wirklich wollen,
- wissen, was Sie tun,
- das Ergebnis akzeptieren,
- auf dieser Basis leben und handeln.

»Marke« kommt von »etwas markieren«, engl. »brand« bzw. »to brand something«. Der Begriff rührt her aus dem Mittleren Westen in Amerika, wo die Viehbesitzer und die Cowboys es irgendwann leid waren, ständig ihre Rinder unter irgendwelchen anderen Rindern herausfinden zu müssen. Dazu das ewige Gezänk mit den Nachbarviehbesitzern und den Nachbarcowboys! Also fing man an, die Rinder zu markieren, indem man ihnen Brandzeichen machte und dazu glühend heiße Eisen mit den Initialen des Besitzers ins Fell drückte. So war dann klar, welches Rind auf welche Koppel gehörte.

Nichts anderes tun wir heute, wenn wir unserem Kind vor der Fahrt ins Landschulheim mit waschechtem Textilstift seinen Namen auf die Etiketten in den Kleidungsstücken schreiben. Sonst kommt es mit allem wieder, nur nicht mit den Sachen, die wir extra neu gekauft haben. Beim Tennis markieren wir auch, und zwar unsere Tennisbälle. Das geht mit einem Gerät mit zwei beweglichen Metallbuchstaben, die mit Feuerzeugen erhitzt und dann in den Filz gesengt werden. So findet man immer seine neuen Bälle unter den laschen Pflaumen der anderen. Wir markieren zudem unser Büro mit dem Schild draußen vor der Tür. Wir markieren unseren Koffer, was wäre das sonst für ein lustiges Chaos an den Bändern auf den Flughäfen dieser Welt, wo die einheitsschwarzen Samsonite-Roller und die einheitssilbernen Rimowa-Roller nach der Ankunft kreisen! Wir markieren unsere Autos, das macht der Staat – mit dem Nummernschild, das es nur ein einziges Mal gibt und das das Auto und seinen Halter identifizierbar macht. Wir markieren unser Haus mit der Hausnummer, damit der Postmann sich orientieren kann und schnell zu uns findet und der Notarzt noch schneller. Und wir markieren uns selbst, mit einer E-Mail-Adresse, die es nur einmal gibt auf der Welt.

Die Marke gibt uns Vertrauen in den Hersteller (den »Markenabsender«) und seine ganze Kunst und Sorgfalt bei der Produktion eines

- Gartenstuhls, der genauso wenig zusammenbricht wie ungewollt zusammenklappt (hier denke ich sofort an Kettler);
- Gartenschlauchs, bei dem ich sicher sein kann, dass er dicht hält, auch wenn ich nicht zu Hause bin (Gardena);
- Küchengeräts, das mein ganzes Leben lang hält (Miele);
- Elektrogeräts, mit dem ich garantiert in den Stahlbeton meiner Neubauwohnung komme (Black & Decker).

Bei einer starken Marke haben wir Vertrauen in die Herkunft eines Produkts, seinen Ursprung. So wurde die Bezeichnung »Made in Germany« ursprünglich von den Engländern dazu eingeführt, deutsche Produkte im negativen Sinn des Wortes zu *brandmarken*. Der Verbraucher sollte gewarnt werden: Vorsicht! Produkt kommt aus Deutschland, ist minderwertiger als unsere einheimischen Produkte! Die Importe aus Deutschland erwiesen sich aber als von bester Qualität, und schnell verkehrte sich die Bedeutung dieses Markensatzes in ihr Gegenteil. Vor allem deutsche Maschinen und Autos begründen ihren Triumphzug um die Welt nicht zuletzt auf diesem starken Siegel, das bis heute für Qualität auf gleichbleibend hohem Niveau steht.

Das ganze Leben hat mit »Marke« und »Branding« zu tun; für viele Menschen ganz bewusst, für viele eher unbewusst. Ist uns erst einmal deutlich, wie sehr unser Alltag davon durchdrungen ist, nimmt diese Erkenntnis einem den allzu großen Respekt vor den Begrifflichkeiten wie vor dem Thema an sich, für den es auch keinen Anlass gibt. Bei unserer Arbeit mit bestens ausgebildeten und erfahrenen Menschen, die zum Beispiel »Leiter Corporate Communications«, »Brand Director EMEA« oder »Bereichsleiter Produktmarketing Non-Food« auf der Visitenkarte stehen haben, machen wir gern erst einmal unsere furchtlose Haltung gegenüber dem Thema Marke deutlich. Zum Beispiel sagen wir dann, dass unseres Erachtens kein Mensch mehr als diese Definition für »Marke« braucht:

Definition Produktmarke

Name, Bezeichnung, Zeichen, Design, Symbol oder Kombination dieser Elemente zur *Identifikation eines Produkts (Produktpersönlichkeit)* oder einer Dienstleistung eines Anbieters und zur Differenzierung von Konkurrenten.

Voraussetzung für »natürliche« Markenbildung ist *Warenqualität*.

-Von Bedeutung ist ebenfalls die *Verpackung der Ware*.

Die Marke, alles andere als Geheimwissenschaft: Klare Worte nehmen uns den Respekt vor dem großen Wort und der Entwicklungsarbeit.

Bei der Unternehmensberatung brandamazing in München betreiben wir »Markenkommunikation«: Wir entwickeln Marken für Unternehmen und Produkte. Und wenn die Marke mit all ihren Bausteinen abgesegnet ist, wird die ganze Kommunikation, die Werbung für das Unternehmen bzw. das Produkt auf sie ausgerichtet. Das heißt, wir steuern die Marke, gemeinsam mit dem Mandanten. Bei unserer Arbeit mündet alles, was wir tun, in den Leitsatz, der unsere Arbeit plakativ umfasst und an den wir glauben: »Marken erkennt man daran, dass man sie erkennt.«

Aha, die Marke ist also vor allem ein Name und ein Logo, woran man sie klar und deutlich ausmachen kann, zum Beispiel das weiße »T« von der Telekom auf magentafarbenem Hintergrund oder der Stern von Mercedes-Benz. Oder sie ist ein Spruch, zu dem die Marketingleute »Slogan« oder »Claim« sagen, zum Beispiel »Soo! muss Technik« von Saturn. Oder sie ist alles zusammen, was das Unternehmen, seine Produkte und Dienstleistungen unverwechselbar macht. Dieses Zusammenspiel vieler Faktoren tut dann noch mehr, macht hochwertig, sinnlich, begehrenswert.

Neurologen würden es so sagen: Ziel ist es, dass das Nebennierenmark die Hormone Adrenalin und Noradrenalin ausstößt. Cortisol soll dazukommen. Wir sollen das Produkt *jetzt* haben wollen! All das muss vor allem die Verpackung anzetteln, sie buhlt um unseren Vertrauensvorschuss: Kauf mich! Ich befriedige deine Bedürfnisse! Mehr als das – ich mach dich glücklich! Auf der Verpackung sind die Produktabbildung, der Name, das Logo, der Slogan, mehr oder minder viele Adjektive und Versprechungen (zum Beispiel »wäscht weißer!«) und was sich die Marketingstrategen und die Werbeagenturen sonst noch alles als verkaufsfördernd überlegt haben: Menschen strahlen vor der geöffneten Wäschetrommel, dicke Schmetterlinge flattern um die Leine mit den blütenweißen Bettlaken vor stahlblauem Frühlingshimmel, die Kinder präsentieren stolz die sauberen Fußballtrikots, die der »Color-Tresor« im Waschmittel vor dem Grauschleier bewahrt … Die Marke ist also das, was man erkennt. »Seeing is Believing«, sagen die Markenleute – man glaubt, was man sieht. Stimmt, das ist das Sichtbare für uns Konsumenten. Vor allem ist jedoch Marke das viele Unsichtbare, das dieses bisschen Sichtbare trägt. Sein Anteil ist – wie bei einem Eisberg, hier sind etwa 90 Prozent der Masse unter der Wasseroberfläche – viel größer.

Die Verpackung kann man anfassen, endlich fühlen nach all dem Sehen, und sicher kennen Sie das Gefühl, wenn die Finger über ein Papier streichen, das nicht glatt, sondern leicht angeraut ist. Sie streichen über einen nicht einfach gedruckten, sondern erhaben geprägten Schriftzug. Hier kommen dann neben dem Sehsinn die anderen Sinne vollends ins Spiel: Das fühlt sich gut an!, melden die

Finger ans Gehirn. Die Ohren glauben schon dieses typische Knacken zu hören, wenn die Schokolade bricht, die Nase vermerkt bereits den zarten Kakaoduft, die Zunge schmeckt den zarten Schmelz schon einmal vor … Sicher haben Sie jetzt ein Bild im Kopf, auf dem Sie sich beim Schokoladegenießen zusehen.

Dann können Sie nicht anders: Sie geben nach und kaufen, und wenn Sie endlich das Papier aufreißen, mit Daumen und Zeigefinger dieses ganz besonders dünne, schützende Stanniolpapier entfernen und Ihnen bereits das Wasser im Munde zusammenläuft, kommt der Moment der Wahrheit: Hält das Produkt, was die Verpackung verspricht? Löst es den Vertrauensvorschuss ein, den Sie ihm mit dem Kauf gegeben haben? Werden Ihre Erwartungen erfüllt, vielleicht sogar übertroffen? Jetzt besteht die Chance, einen begeisterten Fan für das Produkt zu gewinnen, im allerbesten Fall einen lebenslang treuen Stammkunden. Das gelingt, wenn die Nüsse tatsächlich so prall und zahlreich sind wie abgebildet; wenn das »Knack« so knackig ist, wie die Ohren es schon vorher gehört haben wollen; wenn der Schmelz so zart ist wie außen in bestem Marketing-Sprech versprochen. Dann ist das ein Markenerlebnis vom Feinsten: So soll, so muss eine starke Marke sein!

»Marketing ist nicht der Kampf der Produkte – es ist der Kampf ihrer Wahrnehmungen«, bringen es die amerikanischen Marketing-Gurus Al Ries und Jack Trout auf den Punkt.[5] Die Marke »positioniert« das Produkt. Im Regal, inmitten seiner Wettbewerber, in unserem Kopf und in unserem Bauch. Positionierung ist das gezielte, planmäßige Schaffen und Herausstellen von Stärken und Qualitäten, durch die sich ein Produkt oder eine Dienstleistung in der Einschätzung der Zielgruppe klar und positiv von anderen Produkten oder Dienstleistungen unterscheidet. Und diese Positionierung und damit die Marke ist dann stark, wenn sie nicht für jeden ist, nicht jedem gefällt. Sie soll vielmehr polarisieren: Wir finden die Marke entweder sympathisch und begehrenswert, dann kaufen wir sie. Oder wir empfinden sie als unangenehm und abstoßend, dann entscheiden wir uns für ein Konkurrenzprodukt. Wichtig allein sind für die starke Marke zwei Dinge: zum einen, dass sie eben polarisiert; zum anderen, dass es – neben den Menschen, die sie ablehnen – vor allem auch solche gibt, die diese Marke mögen und schätzen, das Produkt kaufen, den Umsatz des Herstellers und seinen Gewinn erhöhen, die Jobs der Beschäftigten und damit die materielle Zukunft ihrer Familien sichern, den Geschäftsführer lächeln machen und anspornen, weiter in sein Unternehmen und den Markt und den Wirtschaftsstandort zu investieren.

Die Marke sorgt dafür, dass wir uns in einer Welt der unendlichen Austauschbarkeit von Produkten orientieren können. Wie sollen wir sonst reagieren und vor allem agieren, wenn das Regal voller Schokolade liegt und alle Tafeln haben außen herum weißes Papier mit schwarzer Aufschrift: »Edel-Nougat«, »Dunkel-Bitter«, »Trauben-Macadamianuss«. Oder, noch schwieriger, im späten November 1989, die Mauer war frisch gefallen, ich schlenderte im KaDeWe in Berlin durch die Fressetage, neben mir an der Wursttheke eine ältere Dame von drüben. Sie beugte sich über die Wursttheke und murmelte: »Wozu braucht der Mensch 80 Sorten Salami?« Sie vermisste die Orientierung, Salami ist Salami, grob und fein, mit Pfefferrand oder ohne reicht nicht zum Unterscheiden. Der Entschluss zum Kauf kann zwar dennoch reifen, aber dann müssen wir schon sehr zielstrebig und geschmackssicher und im höchsten Maße ungewöhnlich gepolt sein, was Produkte, ihre eindeutige Markierung und unsere Auswahl angeht. Weil wir doch von der Intuition, unserem Bauchgefühl, geleitet werden, wenn wir Begehrlichkeit für etwas entwickeln und dieses Bedürfnis schließlich mit der gezielten Auswahl des Produkts befriedigen. (Die Dame kaufte nichts.)

»Intuition ist ein gefühltes Wissen, das plötzlich ins Bewusstsein gelangt, dessen tiefere Gründe man selbst nicht kennt und das dennoch stark genug ist, uns zum Handeln zu bewegen«, schreibt der Erforscher sozialer Intelligenz und Entscheidungstheoretiker Professor Gerd Gigerenzer.[6] Er sagt selbst, dass vieles von dem, was er vertritt, noch nicht endgültig erforscht ist. Unumstritten ist aber, dass das Unterbewusstsein schon vor Betreten des Supermarkts weiß, was wir kaufen werden und was nicht. Wie sollen sich das Bauchgefühl, das Unterbewusstsein und die Intuition herausbilden und prägen, wenn

sie nicht fortwährend mit Reizen und Informationen gefüttert werden? Diese Nahrung bekommen sie auch durch die – eben bewusste oder unbewusste – Wahrnehmung eindeutig positionierter Produkte und das ganze Drumherum: Bilder aus dem Werbefernsehen, bunte Farben, Gerüche, »Kauf mich!«-Plakate, psychologisch ausgefeilte Dudelmusik, warmes Licht ... Und damit durch die mehr oder minder eindeutige Wahrnehmung von Marken, die sich dann mehr oder minder deutlich von den Marken ihrer Wettbewerber unterscheiden.

Die Wursthersteller wissen selbst, dass die Differenzierung in der Wursttheke schwieriger ist als im Schokoladenregal. Schließlich kommen ihre Produkte weitgehend unverpackt in die Auslage, in Scheiben oder am Stück. Dabei gibt es große Qualitätsunterschiede, nur wie sagen wir's dem Konsumenten? Dazu kommt, dass manche Wurstsorten gar nicht toller sind als andere, aber als toller wahrgenommen werden sollen. Wenn das gelingt, soll der Wurstfreund dafür deutlich mehr bezahlen als für die gleiche Menge von der Nachbarwurst, die vielleicht sogar noch aus derselben Maschine kommt. Damit so etwas gelingt, erfinden die Hersteller Wurst mit lustigen Gesichtern drauf, auf jeder Scheibe, die erkennen die Kleinen immer wieder, die wahren Könige an der Theke. Dann zeigen sie mit dem Finger drauf, und wenn sie brav und geschmackssicher ausgewählt haben, reicht ihnen die Frau mit dem Kittel ein ordentliches Stück Gelbwurst herunter. So geht das mit Marke bei an sich austauschbaren Produkten. Das wissen auch die Wurstmarketingexperten der Firma Höll in Saarbrücken, die Erfinder der »Plombe« an der Wurstkordel an der Lyoner. Und mit etwas Glück begegnet uns auf der Pelle einer ganz anderen Wurst die »Rügenwalder Mühle« aus dem Fernsehen, wir erinnern uns, das rote Pappding in der mittelalterlichen Szenerie, wo sich die Prinz-Eisenherz-Figuren mit den Lanzen um die Teewurst balgen. Auch bloß Wurst, aber eben »die mit der Mühle muss es sein«, hieß es im Werbespot vom Mühlenfest.

Alles ist Marke, und Marke ist alles. Ich selbst dachte immer, ich sei völlig unanfällig für Werbebotschaften und »Kauf mich!«-Reize. Je mehr ich mich mit den Themen dahinter beschäftigte, desto weniger überzeugt bin ich davon. Auch wenn es schwerfällt: Ich habe begonnen zu akzeptieren, dass mein Unterbewusstsein mich regiert.

MERKE

- Die Marke macht aus einem gewöhnlichen Stuhl oder aus einem normalen Elektrogerät etwas ganz Besonderes.
- Sie schafft es, dass wir Produkte ganz klar von anderen unterscheiden, die im Grunde völlig gleich sind.
- Es geht auch um das Produkt an sich, aber vor allem darum, wie wir es wahrnehmen.
- Was die Marke mit uns macht, merken wir erst, wenn wir das Produkt gekauft haben.
- Es ist erwiesen: Wer sagt, er ist völlig unanfällig für die Beeinflussung durch Marken, der irrt.

MEINE DREI GEDANKEN

____

____

____

AKTION

1. Schreiben Sie einmal auf, wo Ihnen überall »Marke« begegnet. Welche Logos und Namen sind Ihnen aufgefallen, als Sie das letzte Mal durch die Stadt geschlendert sind? Die Hersteller und Produkte, an die Sie sich erinnern, haben es geschafft, mit ihrer Botschaft unter den Tausenden anderen zu Ihnen durchzudringen.

2. Geben Marken auch Ihnen Orientierung? Notieren Sie in einer Tabelle in einer linken Spalte zehn Produkte, denen Sie seit Jahren blind vertrauen und die Sie im Supermarkt immer wieder ganz automatisch mitnehmen; ohne darüber nachzudenken, ob es inzwischen etwas Besseres gibt. Notieren Sie in der rechten Spalte jeweils die drei wichtigsten Gründe dafür, weshalb das Produkt Ihr Vertrauen genießt. Überlegen Sie:

- Woran liegt das, womit hat es das Produkt bei mir geschafft?
- Wie könnte ich es selbst schaffen, als Mensch mit meinen Signalen und Botschaften auch so viel Orientierung zu geben: Entscheidet euch für mich! Hört mir zu! Folgt mir! Stellen Sie mich ein! Verliebe dich in mich!
- Müsste ich mich dann weniger anstrengen für mehr Erfolg?

Sie können auch eine starke und begehrenswerte Marke sein

Sie sind kein Schokoriegel, haben keinen erhabenen Schriftzug, und ein Logo haben Sie auch nicht. Das möge auch weiterhin zu verhüten sein – ein Mensch ist ein Mensch, dabei soll es bleiben! Statt all dieser Dinge haben Sie Ihre Seele, Ihr Herz und Ihren Bauch, außerdem Ihr Hirn. Mit dieser umfangreichen Ausstattung können Sie es genauso machen wie ein erfolgreiches Unternehmen oder ein erfolgreiches Produkt: Positionieren, Profilieren, Differenzieren. Und Polarisieren auch …

Wie sieht obige Definition einer Marke nun aus, wenn wir sie auf den Menschen übertragen? Es ist ganz einfach:

Definition Menschenmarke

Name, Bezeichnung, Zeichen, Design, Symbol oder Kombination dieser Elemente zur Identifikation einer ~~Produkts (Produktpersönlichkeit)~~ *Person (Menschenpersönlichkeit)* oder einer Dienstleistung eines Anbieters und zur Differenzierung von Konkurrenten.

Voraussetzung für »natürliche« Markenbildung ~~ist Warenqualität~~ sind *persönliche Qualitäten.*

---Von Bedeutung ist ebenfalls *die Verpackung* ~~der Ware~~ *der Person.*

Die Human Brand – auch eine starke Marke. Einiges ist anderes, das muss bedacht werden: Der Mensch ist lebendig, hat ein Bewusstsein und eine Seele, ist eben kein passives Produkt.

Wir alle wollen Gewinner sein und nicht Verlierer. Im Beruf genauso wie privat, in der Freizeit, beim Sport. In meinen Vorträgen und Seminaren bitte ich meine Zuhörer und Teilnehmer gern, einmal die Augen zu schließen: Stellen Sie sich vor, Sie sind eine Tafel Schokolade und liegen mit den ganzen anderen Tafeln im Supermarktregal. Hier buhlen Sie um Kundschaft. Sie wollen begehrt sein, Sie wollen erwählt werden, Sie wollen Erster sein. Vertrau mir! Kauf mich! Nimm mich mit! Aber wie geht das?

Wie viel Prozent Kakaoanteil haben Sie (eher dunkel und herb oder hell und milchig)? Was kosten Sie à 100 Gramm (eher 59 Cent als Produkt für die breite Masse oder 1,29 Euro als edles Premium-Produkt für den Feinschmecker)? Wie sieht Ihre Verpackung aus (bunt und marktschreierisch oder eher vornehm zurückhaltend, mit drei großen, herrlich fotografierten Mandeln)? Wie fühlen Sie sich an (plastikmäßig oder eher leicht angeraut, und die Finger spüren den geprägten Schriftzug Ihres Markennamens)?

Bei Ihrem Bild im Kopf von sich selbst als Schokolade im Supermarktregal sind die Antworten auf einige wenige einschlägige Fragen aus der Markenstrategie ausschlaggebend für Erfolg oder Misserfolg. Fundierte Antworten sind hier die beste Voraussetzung für dauerhaften Erfolg. Das Schönste: Was für eine Schokoladentafel gilt, gilt auch für uns Menschen – die klare Positionierung und ihre eindeutige Wahrnehmung durch unsere Mitmenschen begründen auch unseren Erfolg. Wir alle brauchen ihn, wenn wir uns in einer immer komplexeren Welt zurechtfinden und behaupten und hier sinn-voll leben wollen.

Human Branding polarisiert, wie jedes klar positionierte Produkt und seine Marke. Genauso muss jeder klar positionierte Mensch polarisieren, um erfolgreich zu sein. Ganz im Sinne des legendären bayerischen Ministerpräsidenten Franz-Josef Strauß, der das zeit seines Lebens ausschweifend vorlebte und – so viel Englisch konnte er dann doch – recht hatte mit dem Satz: »Everybody's Darling is Everybody's Depp!« In diesem Sinne empfehle ich immer wieder: Polarisieren Sie! Aber bitte mit Herz, Hirn und Hand! Meine populärwissenschaftliche Faustregel: Solange Ihr Gefühl Ihnen vermittelt, dass zumindest die Hälfte Ihrer Mitmenschen gern an Sie denkt und Ihnen gern begegnet, ist das nicht nur ein Indiz für Ihre polarisierende Markenstärke, sondern auch komfortabel aushaltbar. Dann dürfen die anderen maximal knapp unter 50 Prozent gern die Hände ringen, leise aufstöhnen, sogar die Türen verriegeln und Reißaus nehmen, wenn sie an Sie denken und Ihnen begegnen. Vorausgesetzt, es sind die Richtigen. Solange jedoch Ihre Mitmenschen durch die Bank zu dem Schluss kommen, »Der ist ganz nett« (»nett« ist immerhin der kleine Bruder von »na ja, geht so«) oder zu so etwas wie »Der macht nix um« oder sogar »Der ist mir egal«, ist das ein Indiz dafür, dass Sie nicht polarisieren und eben keine Marke, sondern bestenfalls ein Märkchen sind.

Zwei Faktoren sind bei einer Human Brand besonders wichtig:

1. Ich plädiere dafür zu polarisieren. Aber bitte jederzeit konstruktiv, das heißt Gedanken und Meinungen klar auszusprechen und damit Stellung zu beziehen. Dies wertschätzend anderen gegenüber sowie verbunden mit der Sensibilität für den besonderen Moment. Das Buch »Die 20 leidenschaftlichsten Wege, über Leichen zu gehen« steht nämlich ganz woanders im Regal.

2. Sie haben nichts davon, wenn Sie konstruktiv polarisieren, und all die Menschen, die Ihr Herz begehrt, gehören zu den Händeringern, Aufstöhnern, Türverrieglern und Reißausnehmern. Spätestens bei diesem Gedanken, und der kommt beim Polarisieren ziemlich früh, erhält unser Thema wieder die Komplexität, die es verdient. Schließlich geht es um den Menschen, dieses immer noch in großen Teilen unergründete Wesen. Für die Unergründlichkeit gibt es Worte wie Bauchgefühl, Unterbewusstsein und Intuition. Human Branding erklärt nicht alles, aber Human Branding macht das Unerklärliche besser fassbar und damit nutzbar für Ihren ganz eigenen Weg, damit umzugehen und davon zu profitieren.

Machen Sie sich einmal Gedanken darüber, wieso Ihr Chef gerade Sie zum Abteilungsleiter machen sollte: Die Müller aus der Revision ist doch viel smarter! Weshalb sollten gerade Sie den Vorsitz im Förderverein vom Kinderhort bekommen? Der Vater von Benny packt doch viel kräftiger an, wenn der neue Sand für den Spielplatz kommt! Warum sollten Sie beim Männerausflug den letzten freien Schlafplatz in der Skihütte bekommen? Der Huber hat doch immer die viel besser schmeckenden Leckereien dabei! Alltagssituationen, die Sie sicherlich so oder so ähnlich auch kennen.

Zurück zur Ausgangsfrage, was das sein kann, was Sie ganz besonders macht: Ihr Stammschuster hat etwas ganz Besonderes, wenn Sie immer zu ihm gehen. Meiner hat die besonders lange haltbaren, handgegerbten Ledersohlen aus besonders dickem Material, die man heute kaum noch findet. Ihr Stammbäcker hat bestimmt auch etwas ganz Besonderes. Meiner hat diese sahnigen Quarktaschen, die nirgendwo anders so sahnig sind und bei ihm eine halbe Stunde vor Ladenschluss sogar noch 40 Prozent günstiger. Ihr Baumarkt hat vielleicht auch etwas ganz Besonderes. Bei meinem finde ich immer alles sofort, weil er diese ausgezeichnete Wegeführung hat. Und wenn ich doch einmal fragen muss, ist erstens sofort jemand zur Stelle und weiß zweitens dieser Jemand sofort Bescheid. Ist das nicht wundervoll, ein toller »USP« oder ausgeschrieben eine »Unique Selling Proposition«, was so viel heißt wie »Einzigartiger Verkaufsvorschlag« oder »Alleinstellungsmerkmal«? Für mich etwas Besonderes, viel besser als bei all den anderen Baumärkten.

Was haben Sie Besonderes, was macht Sie zu jemand ganz Besonderem? Ich möchte Sie anregen, darüber nachzudenken, um eine erste wichtige Grundlage für Ihre einzigartige Markenpersönlichkeit zu schaffen. Dabei ist Ihr Angebot wie das vom Schuster und vom Bäcker sicherlich die eine Seite der Medaille. Auf der anderen, ebenso wichtigen Seite stehen die weichen Faktoren, die Qualitäten: Welche Qualitäten haben nun aber Menschen? Was ist hier das, was bei der Schokolade der Schmelz ist und bei der Wurst die feine Abstimmung der frischen Gewürze?

Sicherlich hören Sie gelegentlich in Beurteilungsgesprächen, in der Kaffeeküche oder auf dem Chrysanthemenball – während man ehrfurchtsvoll zu »ihm« oder »ihr« hinüberlächelt – Aussagen wie: »Der oder die ist so charismatisch/jovial/eloquent/gewandt/konziliant/distinguiert.« Ich selbst hörte mal etwas ganz Besonderes: Ich lebte einige Monate in New York, und in dieser Zeit fühlte ich mich ganz besonders wohl. Ich arbeitete einige Stunden am Tag, joggte jeden Tag einmal quer durch den Central Park, hatte mein Fitnessstudio, meine Bekannten bei der Reinigung und den Restaurants ums Eck … Ich begegnete tollen Menschen und fühlte mich ein bisschen wie ein richtiger »Manhattanite.« Eines Nachmittags bestieg ich mit meinen Einkäufen den Bus, um nach Hause zu fahren. Da saßen bereits einige echte New Yorker, und ihre Gespräche wurden etwas leiser. Ich kam mit einer älteren Dame ins Reden, während sie mit ihrer Enkelin vorn auf der langen Bank beim Fahrer saß und das Kind für seine Wachsmalbilder aus der Schule lobte. Plötzlich redeten die Umsitzenden auch mit, wir reichten die Bilder herum und schwatzten miteinander. Und kurz bevor ich ausstieg, sagte die Dame, dass ich in dem Bus so wahnsinnig präsent gewesen sei: »You take all the energy!« Sie meinte, ich lenkte alle Aufmerksamkeit auf mich, einfach so, durch meine Präsenz und meine Wirkung. Das ist natürlich fein, besonders für einen Markenberater und Managementtrainer wie mich: In Meetings, bei Vorträgen, im Training und Coach, beim Moderieren geht es in ganz besonderem Maße darum, ungeteilte Aufmerksamkeit zu bekommen. Nur so kann man Botschaften platzieren und Kraft und Energie spenden, einfach mit seiner Wirkung genauso wie mit Worten.

Es geht also um die Energie, das gewisse Etwas, das sympathisch, begehrlich und besonders macht. Es geht nicht so sehr um den Menschen an sich, sondern vor allem darum, wie wir ihn wahrnehmen. Konkret vorstellen können wir uns hinter all den Hilfsworten von »charismatisch« bis »sympathisch« nichts. Deshalb benutzen wir sie auch, um unser positives Empfinden auszudrücken und gleichzeitig das Fragezeichen zu kaschieren: Klarer können wir es nicht definieren, aber wir spüren, dass bei dem Menschen gegenüber tatsächlich etwas ist, was sich nicht in seinem Wissen und in seinen »harten« Fähigkeiten (er spielt exzellent Schach, er spricht fünf Sprachen fließend, er kann im Kopfstand eine Flasche Bier mit dem Auge öffnen …) erschöpft. Es macht seine Qualitäten aus und bringt seine »weichen« Fähigkeiten auf den Punkt. Näher müssen wir gar nicht hineinbohren. Wir sollten uns nur vergegenwärtigen, dass »Qualität« beim Menschen viel subtiler und vielschichtiger ist als bei Produkten – eben persönlich. Und dass diese Qualitäten durch Selbsterkenntnis, kritische Betrachtung und gezieltes Training erkannt, hervorgerufen, verstärkt und – vor allem – gewinnbringend eingesetzt werden können.

Und die Verpackung? Was ist das Papier, die erhabene Prägung, das Logo bei uns Menschen? Das beschreibt sich schon griffiger. Schließlich tragen wir alle Schuhe, Hemden, Blusen, Hosenanzüge und Krawatten, gehen zum Friseur, schneiden uns die Fingernägel. Außerdem bewegen wir Arme und Beine, beugen uns vor und zurück, nicken und schütteln den Kopf. Das ist die Gestik. Und wir rümpfen die Nase, schauen groß und erstaunt, lächeln, schneiden Grimassen. Das ist die Mimik. Dazu kommen viele andere Facetten, und alles zusammen ist die Verpackung des Menschen. Das stimmige Gesamtbild sorgt für Vertrauensvorschuss, den uns andere Menschen geben: Sie geben sich mit uns ab, beauftragen uns, verlieben sich in uns. Oder eben auch nicht.

Halten dann die persönlichen Qualitäten, was die Verpackung verspricht? Lösen sie den Vertrauensvorschuss ein? Werden unsere Erwartungen erfüllt, vielleicht sogar übertroffen? Jetzt besteht die Chance, einen Freund fürs Leben, einen Kunden fürs Berufsleben, einen Liebling fürs Liebesleben zu gewinnen. Das gelingt, wenn der Mensch innen so ist, wie er nach außen vorgibt zu sein. Wenn er *authentisch* ist. Und weil das schon wieder so ein Fremdwort ist, sagen wir doch einfach – echt! Dann ist das ein echtes Markenerlebnis vom Feinsten: So soll, so muss eine starke Marke sein!

»Wir haben keinen Dialog gebraucht, wir hatten Gesichter.«
Billy Wilder, amerikanischer Filmproduzent und Regisseur

»Warum soll ich etwas sagen, wo ich doch schweigen kann.«
Manfred (»Manni«) Breuckmann, 35 Jahre Bundesliga-Kommentator im Radio, bei seiner Verabschiedung

Nach der »7-38-55-Regel« des amerikanischen Psychologen Professor Albert Mehrabian werden nur 7 Prozent unserer Wirkung dadurch ausgelöst, was wir sagen. Unsere Stimme steuert 38 Prozent zur Wirkung bei und unsere »Verpackung« mit all ihren Facetten sogar 55 Prozent.[7] (Und dafür haben uns unsere Eltern jahrelang in die Lehre oder auf die Uni geschickt!) Da hat die Formulierung »beredtes Schweigen«, die mir so gut gefällt, sicher einen ihrer Ursprünge. Selbst wenn die Mehrabian-Regel immer wieder angezweifelt wird: Es geht nicht um Prozentangaben, sondern um die deutlich unterschiedlich großen Anteile von verbalem Gehalt, Stimme und nonverbalem Gehalt am Persönlichkeitskuchen. Dann wird klar: Es lohnt sich der Gedanke daran, was die Facetten Ihrer Verpackung sind, ob sie Ihre Persönlichkeit unterstreichen und damit Ihre Echtheit zum Ausdruck bringen; oder ob sie Sie vielmehr verkleiden und eine Fassade um Sie herum aufbauen. Auch lohnt es sich, einzelne Facetten zu justieren und zu schärfen, damit Sie erlebbarer sind.

MERKE

- Ein Mensch ist kein Produkt. Allerdings bieten sich hier wie da die gleichen Werkzeuge und Methoden dafür an, eine starke Human Brand genauso wie eine starke Produktmarke zu entwickeln.
- Eine Marke muss polarisieren, damit sie stark ist – beim Produkt wie beim Menschen.
- Auch Sie haben garantiert etwas ganz Besonderes. Die Mühe lohnt sich, es herauszufinden.
- Das gewisse Etwas macht den Menschen besonders. Es ist das Greifbare hinter den Wortfassaden »charismatisch«, »sympathisch« etc.
- Persönliche Qualitäten werden durch kritische Selbstbetrachtung und gezieltes Training erkannt, verstärkt und gewinnbringend eingesetzt.

MEINE DREI GEDANKEN

____

____

____

AKTION

1. Was tun Sie für Ihr 7-38-55-Verhältnis? Notieren Sie jeweils zehn Faktoren, die Sie ausmachen:

- Wovon ist das geprägt, was ich sage und am wenigsten von meiner Wirkung ausmacht? Eher von Beruflichem, wenig von Privatem, von Geschichten aus dem Urlaub, der Familie, Werturteilen über andere, Verdächtigungen, Neid und Missgunst ...

- Was ist mit meiner Stimme, die ganz entscheidend bei meiner Wirkung ist? Habe ich jemals darauf geachtet, wie ich sie empfinde, wie sie wirkt und ob ich sie verändern möchte? Sie ist vielleicht hell, brummelig, angenehm, rau, laut, aggressiv, einschmeichelnd, piepsig ...
- Und die Körpersprache, der entscheidende Faktor bei der Wirkung? Wie setze ich Gesicht, Rücken, Arme und Beine dazu ein, meine Wirkung zu verbessern? Was trifft auf mich zu: hängende Mundwinkel, Dauerlächeln, Stirnfalten, leichter Buckel, verschränkte Arme, Brust raus, Hohlkreuz, Rümpfnase ...?

2. Überlegen Sie drei Anlässe, bei denen Sie Ihre Haltung klar vertreten, sogar darauf beharrt und damit polarisiert haben:

- Habe ich mich wohlgefühlt dabei?
- Bin ich – trotz aller Anstrengung und unabhängig vom Ausgang – froh darüber, nicht zu früh aufgegeben zu haben?
- Würde ich diese Haltung gerne ausbauen?

3. Überlegen Sie drei Anlässe, bei denen Sie ziemlich schnell einen Rückzieher gemacht haben:

- Wäre ich gern kämpferischer gewesen? Was hat mich davon abgehalten?
- Würde ich gern öfter meinen Standpunkt vertreten und mehr polarisieren? Wie könnte das gehen?
- Wo würde ich gern opportunistisch sein und bleiben, weil es die Mühe zu polarisieren nicht lohnt?

»Richtig« allein genügt nicht: Weshalb die fleißigste Biene verliert

Wenn Sie immer alles richtig machen, aber auch nicht mehr, werden Sie irgendwann feststellen, dass »richtig« allein nicht reicht. Ganz einfach, weil vieles von dem fehlt, das den Menschen zu diesem ganz einzigartigen Menschen macht: Ihre mit allen Sinnen spürbare Hingabe, die brennende Leidenschaft für etwas, ohne das Sie nicht sein mögen, der Mut zu etwas unverwechselbar Großartigem. Wenn Sie das leben, sind Sie auch für andere dieser einzigartige Mensch unter Unzähligen, der den neuen Job kriegt, der eingeladen und um Rat gefragt wird. Wenn Sie das nicht haben, fehlt es noch am USP, dem Alleinstellungsmerkmal aus dem Baumarkt-Beispiel. Dann mangelt es noch am greifbaren Besonderen, sind Ihre Wettbewerber noch zu stark.

Vielleicht strengen Sie sich auch immer ganz besonders an: morgens der Erste im Büro und abends der Letzte, die Wohnung immer tipptopp aufgeräumt, für jeden allzeit einen fürsorglichen Ratschlag parat, die Kinder immer wie aus dem Ei gepellt, im Vereinsvorstand immer der Erste am Drücker, jedes Mail sofort beantwortet, bei jeder Essenseinladung die neueste kreative Küche auf dem Tisch ... Uff, und abends sind Sie fix und fertig.

Früher oder später reift dann die Erkenntnis, dass nicht der Beste, die Fleißigste, der Kräftigste, die Hübscheste gewinnt. Vielmehr derjenige, der sich clever positioniert, präsentiert und vermarktet. So finden es alle supersüß, wenn sie im Literatenkreis wie immer auf den vergeistigten Schluffi warten müssen, der daherkommt wie Professor Hastig aus der Sesamstraße. Ihm kann man einfach nicht böse sein! Und in der Firma finden es alle irgendwie doch okay, wenn die smarte Müller aus der Revision tatsächlich den Abteilungsleiterposten kriegt. Ihr allzeit kreativer Saustall im Büro macht sie einfach so menschlich und sympathisch! Und beim Sommerfest in der Schule sind sich alle einig, dass diese Vorzeigeeltern aus der Oberstadt wohl glauben, sie sind was Besseres. Den anderen Mamis und Papis fallen sie fürchterlich auf die Nerven, weil die beim Anblick der properen Familie das unerbetene Gefühl beschleicht, die eigenen Kinder vielleicht doch völlig zu vernachlässigen.

Wer neben dem ganzen Alltag noch im Stadtteilausschuss, im Rotary und am liebsten auch noch im Lions Club ist, begnadet surft, Ski läuft, mountainbiket und sonntags inlineskatet am Fluss, im Förderverein der Oper und des Museums für zeitgenössische Kunst ist, ebenso Elternsprecher bei der Kleinen im Hort und auch beim Großen in der Schule, jetzt mit dem Golfen anfängt und auf jeden Fall wieder segeln will (dazu kommt das Networking im Internet und auf den Afterwork-, Ü30- /U30-Partys, außerdem Tauchen auf den Malediven und Ayurveda in Sri Lanka und Chinesisch auf der Volkshochschule) … wer also immer und überall aufkreuzt und sich lieb Kind macht, ist schnell Everybody's Darling. Dabei hat Ihr Tag doch auch nur 24 Stunden!

Falls Sie sich hier schemenhaft, partiell oder sogar ganz deutlich wiederfinden, kann es gut sein, dass Sie bereits beginnen zu erkennen, dass weniger und dafür das wirklich Wahre meist mehr ist. Außerdem schleift vielleicht Ihre Zunge schon auf dem Boden all Ihrer Aktivitäten. Wenn es jetzt noch heftiger kommt, können Sie anfangen zu glauben, Sie drehen langsam durch.

Finden Sie also Ihren wahren Kern, Ihren wahren Antrieb, Ihre wahre Essenz. Es geht dabei nicht mehr um Latte macchiato, viel und dünn, sondern um den Espresso als Sinnbild für Ihre Essenz: nur ein Mäulchen voll, aber dafür echt, ehrlich, unverfälscht, stark, kräftig. Vor allem geht es nicht um noch mehr Geld und Materielles. Es geht darum zu wissen, was Sie tun wollen und sollten, um Ihren Antrieb lebbar und erlebbar zu machen. Auf dem planbaren Weg zu Ihrer echten Zufriedenheit – mehr noch: Ihrem ganz eigenen, wahren Glück.

Bei Human Branding finden wir heraus, wofür Sie wirklich brennen und wofür Sie sich wirklich engagieren sollten. Was macht Ihre Essenz, Ihren Espresso aus? Und, vor allem, wenn Sie es wissen – was machen Sie daraus?

15 49

MERKE

- Statt einfach nur alles richtig zu machen, braucht es für Ihre Marke vor allem Hingabe, brennende Leidenschaft und Mut.
- Das wirklich Wahre ist mehr als das Bündel aller Aktivitäten; damit tun Sie weniger für mehr.
- Ihre Essenz, Ihr Antrieb sollte lebbar und erlebbar sein!

MEINE DREI GEDANKEN

____

____

____

AKTION

Überlegen Sie, wo Sie sich ungerecht behandelt oder zumindest nicht wertgeschätzt und nicht berücksichtigt gefühlt haben. Dazu gehören Begebenheiten im Beruf genauso wie im privaten Bereich. Anlässe sind zum Beispiel der verlorene Kampf um die besonders günstige Traumwohnung, die merkwürdige Absage des Menschen, den Sie besonders gern auf Ihrer Party gehabt hätten, und der Mitarbeiter, den Sie jahrelang aufgebaut haben und der jetzt mir nichts, dir nichts, zur Konkurrenz geht.

Stellen Sie sich jeweils diese Fragen:

- Was habe ich gegeben?
- Weshalb habe ich nicht das bekommen, was ich wollte?

- Was mögen meine Konkurrenten investiert, wie mögen sie agiert haben?
- Was kann ich daraus lernen, besonders im Sinne von »Weniger ist mehr«?

Was Ihre starke Marke leistet

Stellen Sie sich vor, Sie werfen alles, was Sie ausmacht und wie Sie sind, in einen großen Trichter – Ihr Wissen, Ihre Aktivitäten, Ihren Beruf, Ihre Vorlieben und Neigungen, Ihre Freunde und Bekannte, Ihre Hobbys, Ihren Sport, Ihr Networking, Ihre sozialen Engagements und vieles, vieles mehr. Einfach alles! Der Trichter ist dann randvoll. Und wenn Sie die Augen schließen und diesen riesigen, randvollen Trichter sehen, sehen Sie auch sich selbst, wie Sie ganz klein und ehrfurchtsvoll davorstehen und emporsehen, den Hals recken und gespannt sind, was da jetzt wohl passiert. Dann fängt die Markenmühle an zu arbeiten und mahlt und trennt die Markenspreu vom Markenweizen. Oben fliegen die Spelzen nur so raus, und das Wichtige wird da drinnen verdichtet und verdichtet und verdichtet … Das muss auch so sein, weil an der engsten Stelle in der Mitte des Trichters nur ganz wenig durchpasst, wie bei einer Sanduhr. Da ist einfach kein Platz für unnötigen Ballast.

Der Markentrichter macht für diese engste Stelle aus ganz viel ganz wenig: vergleichbar mit dem Schlückchen Espresso (wenig und hochkonzentriert) statt einer – das gibt es so oder so ähnlich im Coffeeshop – »Tall Hazelnut Organic Sumatra-Peru Blend Roasted Decaf Latte« (viel und irgendwie undefinierbar). Das kleine Schlückchen Espresso ist superstark. Ihnen läuft das Wasser im Munde zusammen, wenn Sie das dampfende Tässchen sehen. Dann umspült das Schlückchen schon den Gaumen, spielt auf Ihrer Zunge mit den Papillen. Die Rezeptoren melden dieses außerordentliche gustatorische Feuerwerk

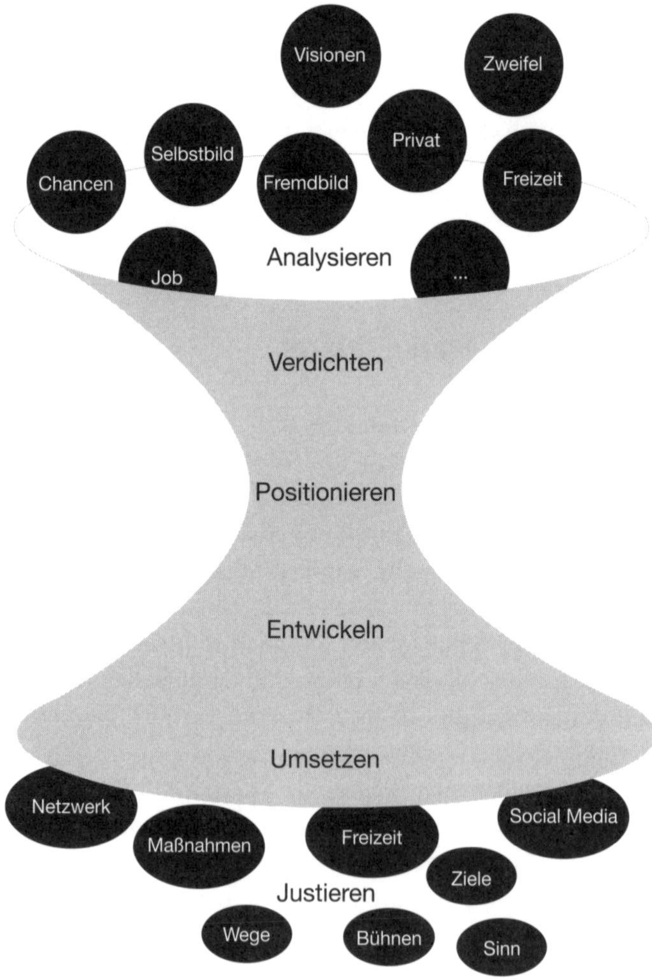

Der Human Branding Markentrichter konzentriert alles auf den einen Kern. Als Ausgangspunkt von allem.

ans Gehirn. Hier nimmt das limbische System die Information in Empfang und beurteilt im Zusammenspiel mit anderen kortikalen und nichtkortikalen Strukturen des Gehirns, welche Art von Emotion soeben eingetroffen ist: Handelt es sich auch aus seiner Sicht um einen

Moment großen Frohlockens, empfiehlt es Ihrem Großhirn, die Information an einem virtuellen Speicherort als merk-würdig abzulegen. Gleichzeitig werden über die Hirnanhangdrüse, die sogenannte Hypophyse, Hormone ausgeschüttet. Durch diese Hormone stellt sich bei Ihnen das Gefühl höchster Zufriedenheit ein. Sie gewinnen Abstand zu allem Weltlichen, sind souverän und stehen über den Dingen. Vielleicht erleben Sie sogar einen veritablen Glücksmoment! Bei einem späteren Erlebnis ähnlich positiver Natur genügt dann der reine Anblick des dampfenden Tässchens, in der Fernsehwerbung oder beim Tischnachbarn im Café: Zunge schmeckt Espresso, Hirn erinnert sich, Hormone werden bereits vor dem eigentlichen Genusserlebnis ausgeschüttet …[8]

Prima, wenn die Essenz Ihrer Marke Ähnliches bei Ihrem Gegenüber auslöst. Markenkern ist also gleich Espresso, Espresso ist gleich Markenkern. Er ist dazu geeignet, das Gefühl der Zufriedenheit, sogar das Glücksgefühl planbarer zu machen: indem Sie auf dieser Basis mehr von dem tun, was Sie wirklich brauchen, und weniger vom Nebensächlichen. Wenn Sie leidenschaftlich gern kochen, kennen Sie das auch von der stundenlang eingeköchelten Soße: Das ganze Wasser ist raus, »einreduziert«. Dafür ist das, was noch da ist, hochkonzentriert. Diese eine kleine Kelle Soße krönt das zarte Fleisch und den leckeren Knödel, auch hier reicht ein Mäulchen voll, eben die Essenz – als Sinnbild für Ihren Markenkern. Der Kern steht im Markentrichter an der engsten Stelle, mehr Reduzieren geht nicht.

Viel weniger ist viel mehr: der Markenkern! Der ultimative Nutzen einer Marke! Wenn Sie ihn destilliert haben, ist er der Anfang von allem; das, was beim Ei der Dotter ist, der Anfang allen Markenlebens. Er ist der Samen, den Sie im Frühjahr in die Ackerkrume stecken. Und Sie wissen bereits jetzt ganz genau, was Sie im Herbst ernten werden. Und was Sie einerseits dafür tun müssen und andererseits ohne Reue ganz einfach weglassen können. So können Sie sicher sein, dass es sich lohnt, das Markenpflänzchen zu hegen und zu pflegen, es zu wässern, immer mal wieder die verkümmerten Triebe zurückzuschneiden, Feinde von ihm fernzuhalten und die Erntekisten schon einmal bereitzustellen. Stellen Sie sich dagegen vor, Sie arbeiten lange und hart und freuen sich schon auf körbeweise Äpfel. Aber zum Schluss hängt alles voller Birnen, und die sind auch noch verschrumpelt und steinhart. Dann war der Samen, der Kern, schlicht der falsche und alle Arbeit umsonst.

Der Samen der Marke steckt an der engsten Stelle im Trichter. Danach wird er langsam wieder breiter. Er gibt Raum dafür, diesen Samen mit Leben zu erfüllen, ihn spürbar, lebbar und erlebbar zu machen. Aber geplant! Von hier ab hat alles logische und passende Schnittstellen zueinander, baut alles aufeinander auf. Der Samen ist genau das, was beim Konditor das Backrezept ist, beim Hausbau der Architektenplan, beim Autofahren die Landkarte.

Wenn der Konditor sein Backprojekt derart betreibt, dass er einfach losläuft und kreuz und quer ein paar Zutaten einkauft, zu Hause dann alles zusammenmischt und dabei das, was fehlt, einfach weglässt und schließlich sein Werk nach Gefühl im Ofen backen lässt, kommt vermutlich eines nicht dabei raus – seine beste Sachertorte. Dabei wollte er damit vor seinen liebsten Gästen glänzen. Schlimmer noch: Es wird auch keine Schwarzwälder Kirschtorte! Und am schlimmsten: Es wird ein undefinierbares Irgendwas!

Ähnlich ergeht es dem Bauherren, der sich den Traum seines Lebens erfüllt: Endlich ist es so weit, nun soll er wahr werden! Der Bauunternehmer ist geordert, die Zimmerleute scharren mit den Hufen, die Fliesen sind bereits ausgesucht. Es geht los mit dem Haus – erster Stock, zweiter Stock, Dach drauf. Nun, die Fliesen werden gerade verfugt, kommen der jungen Familie doch ein paar Bedenken: Wo soll bloß der Hobbykeller sein, wenn wir keinen Keller haben? Reicht ein Kinderzimmer, wo wir doch gerade wieder schwanger sind? Sind die Fliesen nicht viel zu teuer für unser Budget?

Damit das alles nicht passiert, hat der Konditor das beste Rezept, das er finden kann: das von seiner Großmutter. Es ist der Samen der Torte. Er hütet es wie seinen Augapfel, denn damit ist er der beste Sachertortenbäcker der ganzen Stadt. Seine Stammkunden ordern mehr davon, als er backen kann; das schafft neue Begehrlichkeit und ist gut für den Preis pro Stück. Und die Hausbauer haben für ihren richtigen Weg die Blaupause vom Architekten. (Sie ist der Samen des

R
www.human-branding.de

Hauses.) Der befragt sie zunächst ausführlich nach ihren Wünschen, zeichnet dann Pläne mit unterschiedlichen Schwerpunkten und für kleinere und größere Budgets. Die Bauherrschaft diskutiert sie ausführlich mit ihm und weiteren Sachkundigen. Dann spricht sie mit der Bank und entscheidet sich schließlich: doch einen Keller und ein zweites Kinderzimmer, auch die teureren Fliesen, aber die dafür nicht hoch bis zur Decke.

Stecken Sie also Ihr ganzes Herzblut, Ihre volle Leidenschaft und Ihre ganze Kraft in die Entwicklung Ihrer Marke. Vor allem in die richtigen Bausteine, die die Marke im Zusammenspiel persönlich, unverwechselbar und rund machen. Bewahren Sie sich ganz viel Herzblut, Leidenschaft und Kraft für das, was dann kommt: Ihre Marke zum Leben erwecken. Ihre Umwelt interessiert sich nämlich – Ihren Partner und Ihren besten Freund einmal ausgenommen – weder für ein Rezept (sie alle wollen den Kuchen schmecken!) noch für die Blaupause (sie wollen das Haus erleben!) noch für Ihre Markenpersönlichkeit: Sie wollen Ihre Marke *fühlen*!

Viele Unternehmen und auch viele Menschen machen den Fehler, uns lediglich zu *sagen*, wie sie sind. Bei den Unternehmen erschöpfen sich die verzweifelten Sage-Versuche in den Imagebroschüren. Überschrift erste Seite: »Kompetenz durch Innovation«; Überschrift zweite Seite: »Innovation durch Kompetenz«. Dann kommt seitenweise Larifari. Und bei uns Menschen sind es solche Attribute, die früher bei den Mädchen in den Poesiealben standen. Heute werden sie mündlich mitgeteilt, bevorzugt als Antwortversuche auf die Frage »Welche Stärken/Schwächen haben Sie?«. Ganz vorn bei den Stärken ist erstens: »Ich bin ehrgeizig!«, zweitens »Ich bin gewissenhaft!«, drittens »Ich bin ein guter Zuhörer!« Bei den Schwächen ist es erstens (jetzt sag ich's halt!) »Ich bin manchmal etwas ungeduldig!«, zweitens (oh Gott, mir fällt nichts mehr ein!) »Ich bin manchmal etwas ungeduldig!«, drittens (Hilfe, holt mich hier raus!) »Ich bin manchmal etwas ungeduldig!«

Stattdessen: Entfalten Sie die Wirkung Ihrer Marke! *Zeigen* Sie, wer Sie sind und wie Sie sind! Lassen Sie es uns *spüren*, mit Haut und Haaren. Schreiben Sie Ihre eigene Imagebroschüre in Gedanken ganz anders, einzigartig, persönlich, wie eben nur Sie sie schreiben können. Verfassen Sie Ihren eigenen Radiospot. (Freunden Sie sich im Kapitel »Erfolgsfaktor 8 – Klappern«, Seite 164 ff., damit an.) Er bringt wirklich *Sie* auf den Punkt und nicht einen Menschen, der sich erst windet wie ein Aal und dann in Worthülsen ergeht. Auch bei Ihren Maßnahmen muss Ihre Marke, soll sie wahr werden, mit all ihren Modulen überall durchschimmern. Das macht Sie fassbar und spürbar. All die vielen Bühnen, die Sie dafür haben, Ihre Marke zu leben, werden im Lauf der Zeit noch viel wertvoller. Es gibt unzählige Methoden und Maßnahmen, Ihre Markenpersönlichkeit zum Erblühen zu bringen. Ganz viele sind überflüssig, viele sind zumindest nicht verkehrt, einige sind genau für Sie geradezu ideal. Mit der Zeit werden Sie wissen, was Sie brauchen und wo es sich lohnt, dass Sie Zeit und Kraft investieren. (Geld, manchmal Schweiß und sogar Tränen sicherlich auch.) Futter für dieses Wissen steckt vor allem auch in den Erfolgsfaktoren von Human Branding, die Ihnen überall in diesem Buch begegnen.

Sie sehen: Von Ihrer Marke haben Sie das Backrezept für Ihren ganz persönlichen Markenkuchen, die Blaupause für Ihr ganz persönliches Markenhaus, die Leitplanke auf der Markenautobahn zu Ihrem ganz persönlichen Ziel. Damit backen, bauen und fahren Sie nicht einfach drauflos, tun nicht das, was Ihnen gerade so einfällt, schwenken nicht hin und schwanken nicht her. Stattdessen gehen Sie Ihr ganz persönliches Projekt genauso leidenschaftlich und abgewogen an wie der Bäcker und der Hausbauer. Ihr Herz schlägt für dieses Projekt über 100 000-mal pro Tag. Das Projekt heißt: »Mein Leben«.

MERKE

- Der Human Branding Markentrichter unterstützt Sie dabei, Ihre Essenz zu finden.
- Machen Sie es wie der Bäcker und der Hausbauer: Erst das Rezept/die Blaupause, dann geplant loslegen!
- Der Markenkern macht das Gefühl der Zufriedenheit, sogar das Glücksgefühl, planbarer.
- Wenn der Kern gefunden ist, wird er vorausschauend angereichert: spürbar, lebbar und erlebbar.

MEINE DREI GEDANKEN

____

____

____

AKTION

1. Überlegen Sie, was Sie wirklich über sich sagen können, ohne sich in Allgemeinplätzen zu ergehen:

- drei Dinge, in denen ich besonders stark bin,
- drei Dinge, in denen ich eine echte Niete bin.

2. Spinnen erlaubt: Was erwarten Sie sich von Ihrer starken Marke? Wo kann sie Ihnen Gewissheit und Klarheit verschaffen? Fragen dabei sind:

- Was kann meine starke Marke für mich leisten?
- In welchen Bereichen kann es sich hinterher ganz konkret doppelt und dreifach lohnen, dass ich Kraft und Zeit in die Entwicklung meiner Marke investiert habe? (Denken Sie an

wiederkehrende Begebenheiten, heikle Situationen, die Sie so nicht noch einmal erleben möchten, und anstehende Entscheidungen.)

- Wo kann ich meine Marke, wenn ich die Grundlagen geschaffen habe, entfalten und sie für meine Mitmenschen spürbar und erlebbar machen?

Ihre Human Brand gibt Sicherheit

Es ist wie unterwegs auf der Autobahn von Frankfurt nach München: Sie sind eingeladen zum Geburtstagsfest eines ferneren Verwandten. Lange nichts voneinander gehört, aber jetzt fahren Sie hin! Links und rechts sind die Leitplanken. Sie haben das Ziel vor Augen – München! Noch 300, 200, 100 Kilometer. Sie kommen dem Ziel immer näher! Immer auf der Bahn, zwischen den Leit-Planken. (Deshalb heißen sie ja so!) Sie können schnell fahren oder langsam, links oder rechts. Sie können überholen und sich überholen lassen. Sie können unterwegs jemanden aufgabeln oder absetzen. Fortwährend kümmern Sie sich darum, was Sie brauchen (und was Ihr Auto braucht), um Ihr Ziel zu erreichen: Pause machen, die Kinder toben lassen, essen und trinken, zur Toilette gehen, auf der Landkarte nach dem Weg sehen, das Auto auftanken, Öl und Scheibenwischwasser nachfüllen … Sie können sogar unterwegs übernachten. Warum tun Sie das alles? Um Ihr Ziel auch wirklich zu erreichen. Schließlich wollen Sie nach München, und Sie freuen sich darauf! Sie wollen, wo Sie schon mal da sind, gleich noch mit den Kindern ins Deutsche Museum und ohne die Kinder in der Maximilianstraße bummeln. Zu dumm, wenn Sie jetzt unterwegs eine Panne hätten. Stellen Sie sich jetzt vor, Sie kommen schließlich pünktlich und wohlbehalten in München an und fragen erst sich und dann das Navi, was Sie hier genau suchen. Es stellt sich heraus: Sie haben sich geirrt und müssen eigentlich nach *Münster*! Dort wartet man gleich auf Sie, und Sie sitzen in Oberbayern! Jetzt sind es noch mal 650 Kilometer, die Kinder quengeln, die Nerven liegen blank. Das schaffen Sie nie!

Stellen Sie sich nun diese Geschichte übertragen auf das ganz Große vor – Ihr Leben. Da haben Sie auch Ziele, beruflich und privat, die sich mehr oder minder klar an Ihrem Horizont abzeichnen. Es gibt gewisse Rahmenbedingungen. Und es gibt unzählige Mittel dafür, Ihre Ziele auch zu erreichen: Ihr Leben ist durchzogen von »Autobahnen«; jede führt von einem A zu einem B. Aber wo ist Ihr A? Welche ist Ihre Autobahn? Und wo ist Ihr B? Wollen Sie nicht lieber eine Landstraße nehmen? Oder gleich den Zug, das schont die Nerven. Vielleicht bleiben Sie auch vor lauter Auswahl lieber gleich zu Hause und haben Ihre Ruhe. All diese großen Überlegungen (fahren oder bleiben?), alle Mittel und Maßnahmen fasst Ihre Human Brand in den Rahmen für Ihr Leben. Ihre Marke ist wie Münster (Ihr wirkliches Ziel), wie die Autobahn und die Leitplanken (Ihr Weg dorthin), wie Rasten und Öl nachfüllen. Die ganzen Aktivitäten, die es braucht, um das Ziel auch wirklich zu erreichen. Ihre Marke sorgt dafür, dass Sie nicht nach zwei Dritteln der Wegstrecke plötzlich lieber nach Hanau wollen. Dass Sie nichts vergessen. Und dass Sie die Kraft dafür haben, Ihren Weg zu gehen und das Ziel auch zu erreichen.

Vor allem gibt Ihnen die Marke Sicherheit beim naturgemäßen Wunsch, immer noch ein bisschen besser zu werden. Um mehr zu erreichen, schneller, höher, weiter zu kommen. Was ist richtig für Sie bei all den Weiterbildungsangeboten auf dem großen, bunten Markt? Da gibt es die sinnvollsten und die unsinnigsten Angebote, und vor so viel Wald sieht man die Bäume nicht mehr. Aus lauter Not werden die Leute Trainer oder Coach (entspricht dem Zeitgeist), dabei sind sie viel bessere Heilpraktiker oder Chiropraktiker – oder umgekehrt. Sie geben sich ab mit Neurolinguistischer Programmierung, lernen noch ein, zwei Fremdsprachen, verstopfen die Volkshochschulen …

Sicherlich ist es für viele sinnvoll, den Führerschein zu haben. Für einige Menschen aber auch nicht. Sie fahren Zug oder fliegen und hüten sich davor, mit dem Auto nach München zu fahren. Und sie ziehen die Konsequenz aus ihrer eingeschränkten Mobilität und

CHALET-URLAUB
GOLDENER KUGEL-SCHREIBER
ZUSATZ-RENTE
SCHICKES BÜRO
FIRMEN-WAGEN
BLACK-BERRY
WELL-NESS-WOCHEN-ENDE

nehmen sich eine Wohnung mitten in der Stadt. Dann kommen sie mit Bus und Straßenbahn überallhin, und manchmal nehmen sie sich eben ein Taxi. (Andere dagegen haben auch keinen Führerschein, ziehen aufs Land und beklagen sich womöglich über die schlechten Bus- und Zugverbindungen ...) Sollten Sie einen Führerschein haben, nur weil alle einen haben? Oder entspricht das gar nicht Ihrem Lebensentwurf, Ihrer Human Brand? Entscheiden muss das jeder für sich allein, und das ist bei dem Überangebot an Kursen und Zertifikaten nicht einfach. Weil zum einen die Zeiten nicht gerade rosiger werden und zum anderen wir alle den ständigen wohlmeinenden Ratschlägen der lieben Verwandten und besten Freunde ausgesetzt sind, die auch alle immer noch eine gute Idee haben, wie wir unsere »PS« noch besser auf die Straße des Lebens bringen.

Bevor Sie also einen Rhetorikkurs machen oder ein Körperspracheseminar belegen – wahlweise auch etwas zu Sprache, Stimme, Networking, Qigong, Ernährungsschule, NLP, Stil und Etikette, Berufung, Verkaufen ..., – ist es gut, wenn Sie die Blaupause, das Backrezept, die Leitplanken für Ihr Leben haben. Ihre Marke gibt Ihnen diese Sicherheit. Sie sorgt dafür, dass Sie auf der Basis Ihres Lebensentwurfs genauer dorthin spüren können, wo es Nahrung für Ihre Essenz gibt. Dass Sie selbstbewusster und befreiter leben, ohne ständig nach links und rechts zu den anderen zu schielen und ohne zu anfällig zu sein für die wohlmeinenden Tipps dieser Menschen.

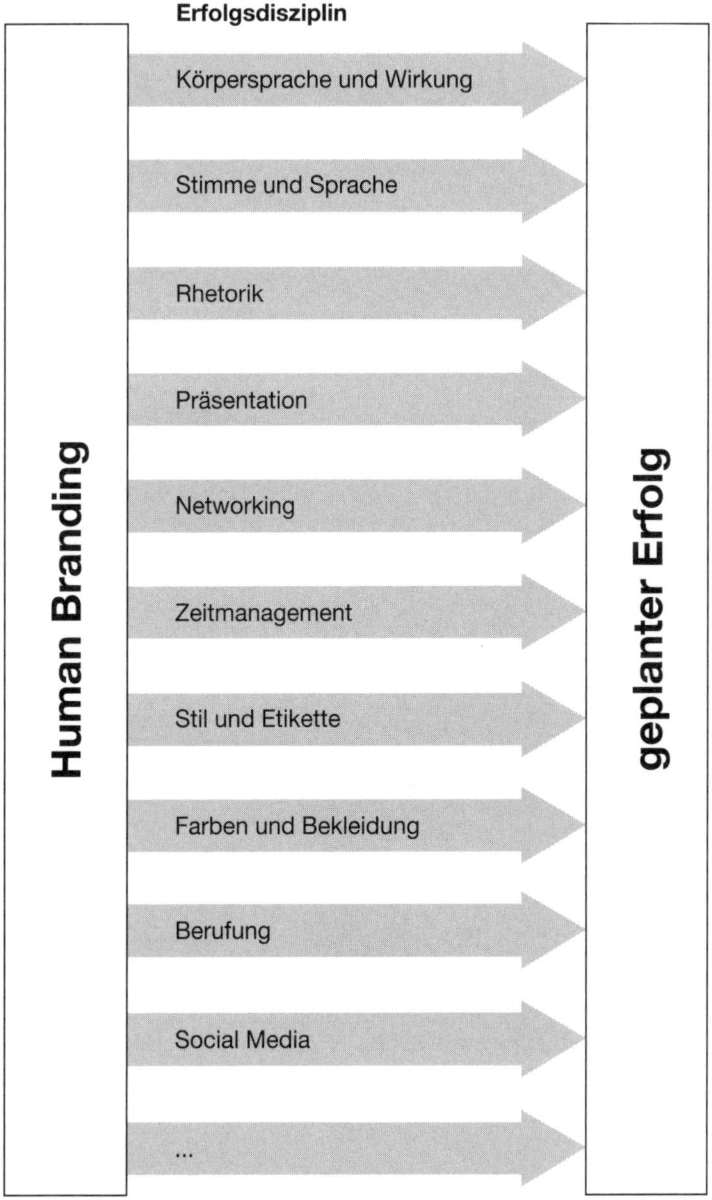

Basis Human Branding: Ihre Marke ist die Grundlage für die Auswahl der optimalen Erfolgsdisziplinen als Nährboden für Ihr wirkliches Weiterkommen.

MERKE

- Ihre Marke sorgt dafür, dass Sie einmal gesteckte Ziele auch erreichen.
- Mit Ihrer Human Brand wissen Sie, was Sie noch erreichen wollen. Hier gibt sie Sicherheit bei der Auswahl Ihrer Fortbildung.
- Als starke Human Brand leben Sie selbstbewusster und befreiter.

MEINE DREI GEDANKEN

____

____

____

AKTION

Überlegen Sie, wo Ihre Human Brand Ihnen Sicherheit geben kann:

- Was würde ich von meinen ganzen Aktivitäten eigentlich gern weglassen, aber ich traue mich (noch) nicht?
- Wobei hätte ich gern mehr Sicherheit, das Richtige zur richtigen Zeit zu tun?
- In welchen drei Bereichen, bei welchen Aktivitäten von Hunderten möglichen wäre ich, tief aus meinem Herzen heraus, wirklich gern besser (und zwar nicht, weil es irgendjemand von mir erwartet, sondern weil ich es so will)?

Zwei Basics für Ihre starke Marke

In meinen Vorträgen und Seminaren betone ich immer zwei Dinge, die mir bei der Entwicklung einer echten und langfristig erfolgreichen menschlichen Marke besonders am Herzen liegen. Sie diskutiere ich zuerst mit meinen Teilnehmern und Coachees (so nennt man den Kunden eines Coachs), bevor wir dann tiefer einsteigen:

1. Sieh auch bei dir den ganzen Menschen, genau wie bei den anderen!

Wenn wir einen Menschen erleben, auf uns wirken lassen, ihn einschätzen, uns überlegen, ob er uns sympathisch oder unsympathisch ist, wirkt immer alles zusammen auf uns ein: die Verpackung, die Stimme, Mimik und Gestik, Worte, Gerüche … Ausschlaggebend ist besonders, dass wir uns nicht auf den Beruf reduzieren. Dazu neigen wir in unserem Kulturkreis, weil wir uns sehr über unsere Tätigkeit definieren. Was passiert, wenn Sie auf der nächsten Party oder der nächsten Vernissage einen Menschen, den Sie gerade erst kennenlernen, fragen: »Und wer sind Sie?« Dieser Mensch wird als Erstes antworten: »Ich bin Patentanwalt in einer größeren Sozietät in Düsseldorf«, oder: »Ich habe eine Möbeltischlerei und bin spezialisiert auf Vollholzmöbel für Landhäuser im Alpenvorland«. Aber er wird zum Beispiel nicht sagen, dass er leidenschaftlich gern Orchideen sammelt oder letzten Samstag beim Salsa-Wettbewerb in der Hanauer Stadthalle die Goldene Tanznadel gewonnen hat oder gerade im Begriff ist, eine Modelleisenbahn für seinen Sohn aufzubauen, mit echtem Rauch aus der Dampflokomotive.

Warum nicht? Nur etwa jeder zweite Mensch hat ein Berufsleben, aber garantiert jeder hat ein Privatleben! Noch besser: Weil wir alle gern so einen großen Unterschied zwischen unserer privaten und unserer beruflichen Rolle machen, werde ich oft von Coachees und Seminarteilnehmern gefragt, ob sie sich auch zwei Marken entwickeln können. Ich rate regelmäßig davon ab, zumindest so lange, bis das Klonen serienreif ist und es dann auch zwei identische Menschen gibt, die diese beiden Marken auf sich aufteilen können … Nein, das macht keinen Sinn. Sehen Sie sich bitte stattdessen mit *allem*, und schaffen Sie mit Ihrer Marke die Grundlage für alles, was Sie ausmacht – und für alles, was Sie antreibt, in welcher Lebenslage und Situation auch immer. Und antworten Sie mal in Richtung Orchideen, Tanznadel, Modelleisenbahn, wenn Sie von einem Unbekannten gefragt werden, was Sie machen. Die Reaktionen sind wundervoll!

2. Strebe nach mehr als nach Schneller, Höher, Weiter!

Genauso wie wir uns gern über den Beruf definieren, reduzieren wir unser Streben gern – unbewusst oder auch bewusst – auf das Rationale: Karriere machen, mehr Geld verdienen, ein größeres Haus bauen, weiter verreisen … In einem kapitalistischen Gesellschaftssystem wie dem unseren sind das alles legitime Ziele. Jedoch geht es bei Human Branding und dem Herausfinden und Verfolgen des wahren Antriebs um viel mehr als nur um rationale Zufriedenheit. Es geht, und das ist mein Plädoyer, vor allem um das Herz und den Bauch und damit um emotionale Zufriedenheit. Es geht sogar um noch mehr – darum, gelegentlich tatsächlich das größtmögliche Gut zu verspüren, von dem wir alle so gern reden, nach dem wir alle streben, was wir aber so selten empfinden und schon gar nicht herbeihexen können: Glück.

Was Glück ist, bringen die Schweizer Konzeptkünstler Peter Fischli und David Weiss unnachahmlich berührend auf den Punkt. In ihrem Buch *Findet mich das Glück?* fragen sie: »Ist sieben viel?« »Bin ich der Schlafsack meiner Seele?« »Was ist in meiner Wohnung, wenn ich nicht da bin?«[9] Das sind meine drei Lieblingsfragen, die mir eine Welt abseits des Rationalen zwischen den ganzen Zeilen des Alltags eröffnen. In dieser Welt finde ich den Raum für meine Fragen an mich, an andere und an die Welt. Um meiner ganz eigenen Vorstellung von Glück immer ein Stückchen näherzukommen und es, wenn schon nicht planbar, dann doch wahrscheinlicher zu machen.

Wie wir Menschen, zumindest die meisten von uns, nun einmal gestrickt sind, das haben die Gebrüder Grimm eindrucksvoll im Märchen »Vom Fischer und seiner Frau« aufgeschrieben: Ein

Fischer lebt mit seiner Frau Ilsebill in einer armseligen Hütte. Eines Tages fängt er einen Butt. Er ist ein verwunschener Prinz, der um sein Leben bittet. Der Fischer lässt ihn frei. Als er seiner Frau davon erzählt, fragt sie ihn, warum er sich von dem Prinzen im Tausch gegen seine Freilassung nichts gewünscht habe. Sie drängt ihren Mann, den Butt um ein richtiges Haus zu bitten. Und der Zauberfisch erfüllt ihm den Wunsch. Doch Ilsebill ist es damit nicht genug. Immer wieder drängt sie den Fischer, vom Butt noch viel größere und viel schönere Dinge einzufordern. Der Fischer ist eigentlich froh mit dem richtigen Haus, aber er beugt sich seiner maßlosen Frau. Erst will sie einen Königspalast, dann wird sie Königin, dann Kaiserin und schließlich Papst. Aber als sie der liebe Gott sein will, sitzen die beiden – schwups – wieder in der armseligen Hütte; und das bis heute. Also: Selbst wenn man die Katze auf dem Dach endlich heruntergelockt und eingefangen hat – das Risiko ist groß, dass sie eines Tages ein Schlupfloch findet und ausreißt. Dann ist der Spatz in der Hand bereits lange ab durch die Mitte.

Werner Tiki Küstenmacher, evangelischer Pfarrer und Autor des Bestsellers *Simplify your life*, beschreibt dies eindrucksvoll in seinem Buch *JesusLuxus*: Vor allem darauf zu schauen, was wir nicht können, was wir nicht besitzen, was wir noch nicht erreicht haben, ist »eine Spirale ohne Ende und zugleich eine höchst effiziente Methode, sich selbst dauerhaft unglücklich zu machen und anderen das Leben zu vermiesen«.[10] Stattdessen empfiehlt Küstenmacher, den wahren Reichtum des Lebens, *Ihres* Lebens zu entdecken. Er nennt ihn »Jesus-Luxus«. Wie nennen Sie ihn?

Mal ehrlich: Steckt in Ihnen eher auch ein Fischer, der weiß, womit er froh sein kann? Wohnt in Ihnen auch eine kleine Ilsebill, die manchmal nicht genug kriegen kann vom Nektar des Lebens? Es gibt bei der Lebensgestaltung und -planung kein »gestattet« und »verboten«. Es gibt aber den für Sie wie geschaffenen Lebensentwurf und die für Sie beste Lösung.

Einer meiner Coachees, um die 30, brachte es neulich herrlich auf den Punkt: Als veritables Landei lebt er inzwischen in London und macht in Finanzen, verhältnismäßig sicher vor den Wirtschaftsdellen und -krisen. Der Mann weiß das Leben zwischen den Docklands, South Kensington, Clubbing, Business Class fliegen und Speisen im 7-Sterne-Hotel Burj al Arab in Dubai durchaus zu schätzen. Und dann sagt er eines Tages entwaffnend ehrlich: »Im Skiurlaub wohne ich im 4-Sterne-Hotel, und gleich nebenan gibt es da ein 5-Sterne-Hotel.« Da möchte er auch einmal ganz gerne wohnen. Aber um welchen Preis? Etwa um den, dass er nach einem harten Arbeitstag restlos bedient in seine kleine Londoner Wohnung robbt, die er sich auch noch mit jemandem teilen muss? Dass er die Stadt zwar toll findet, aber von den tollen Theatern, Museen und Flohmärkten viel weniger sieht als der durchschnittliche Wochenendtourist? Dass es im Leben mehr als alles geben muss? Der Mann in London überlegt, ob der richtige Zeitpunkt zum Umsteuern gekommen ist und er die Firma seines Vaters in der ländlichen Heimat übernehmen soll. Alles ganz anders; nicht richtiger, nicht falscher, keine Mathematik. Jedoch gefühlt genau für ihn vielleicht viel besser.

Ihre Vorstellung von Zufriedenheit und gar Glück ist Ihre ganz eigene und eine andere als meine. Ihr Weg dorthin ist es auch. Human Branding soll Ihnen Anstoß dafür geben, immer wieder auch diese Richtung zu spüren, wenn Sie die Grundlagen für Ihre Marke entwickeln. Fragen Sie bitte bevorzugt Ihr Herz und Ihren Bauch. Diese beiden wissen besonders gut, was Sie brauchen, um Ausgleich zu schaffen, Zufriedenheit zu verspüren und Glück zu empfinden. (Das Hirn redet sowieso immer mit und kommt sicherlich nicht zu kurz!)

Kurze Rede, langer Sinn: Willkommen im Leben Ihrer Wahl!

MERKE

- Für einen Fremden ist es viel aufschlussreicher zu erfahren, *wie* Sie sind, anstatt wer Sie sind und was Sie machen.
- Eine Human Brand macht keinen Unterschied zwischen Berufsleben und Privatleben; weil ein Mensch nur eine einzige Marke für alles, was ihn ausmacht, haben kann.
- Vor allem das Herz und das sprichwörtlich gute Bauchgefühl sorgen für Zufriedenheit.
- Wer weiß, was er wirklich will, kann glückliche Momente zumindest ein Stückchen planbarer und damit wahrscheinlicher machen.
- Noch mehr, noch größer, noch vornehmer sind sehr erlaubte Ziele. Allerdings haben sie ihren Preis – Mühsal, Stress, Entbehrung.
- Erkennen Sie für das Leben Ihrer Wahl zuerst die Alternativen, wählen Sie dann mit großer Leidenschaft aus.

MEINE DREI GEDANKEN

____

____

____

AKTION

1. Antworten Sie bei der nächsten Gelegenheit ganz anders auf die Frage, wer Sie so sind und was Sie so tun: mit etwas Privatem, aus Ihrer Familie, erzählen Sie von Ihrem tollsten Hobby. Die Wahrscheinlichkeit ist groß, dass Ihre Augen das Gesagte glanzvoll unterstreichen. Mal sehen, wie Ihr Gegenüber reagiert: Wendet er sich ab? Bekommen seine Augen auch einen Glanz und fragt er interessiert nach? Präparieren Sie sich zuvor mit Ihren Antworten auf diese Fragen:

- Was mache ich gerade, was nichts mit meiner beruflichen Tätigkeit zu tun hat?
- Womit beschäftigen wir uns zurzeit in unserer Beziehung/in unserer Familie?
- Welche ernsten und lustigen Erlebnisse in meinem Umfeld gibt es? Wie kann ich sie besonders anschaulich erzählen?

2. Spüren Sie dorthin, wo Ihr Zufriedenheitszentrum ist: Welche Nahrung benötigt dieser für Ihr Wohlbefinden so wichtige Bereich in Ihrem Körper, um wohlige Ruhe zu geben? Die Fragen dafür lauten:

- Was brauche ich an Materiellem, also an schönen Dingen, um zufrieden zu sein?
- Welche Art von Menschen brauche ich, um emotional zufrieden zu sein?
- Ist das 5-Sterne-Hotel im Skiurlaub ein Antrieb für mich, ist es die Überstunden und Entbehrungen wert?
- Habe ich schon einmal so ähnlich gedacht oder gar gehandelt wie Ilsebill, die Frau des Fischers im Märchen?
- An welchem Platz, bei welchem Tun bin ich wirklich glücklich? Womit hängt das zusammen? Mit Ruhe, den Menschen an meiner Seite, Adrenalin, Natur, Idealismus, Hektik, einmaliger Exklusivität ...

Unterschiede zwischen Produkt- und Menschenmarken

Es stimmt: Ein Mensch ist kein Produkt. Deshalb sollten Sie bei Ihrer Markenarbeit folgende Unterschiede bedenken:

1. Der Mensch kann seine Marke aktiv und selbstbestimmt kreieren und leben. Der Schokoriegel hingegen kann das nicht, er wird passiv zur Marke gemacht. Da ist es gut, wenn Sie sich diesen Vorsprung bewusst machen und ihn für Ihren Vorteil nutzen: Hier gibt es nicht das eine optimale Ergebnis. Vielmehr ist es das für Sie optimale Ergebnis am Schluss Ihres Markenentwicklungsprozesses. In diesem Sinne betrachten Sie dieses Buch bitte als leckeres Frühstücksbüfett im Hotel: Sie nehmen sich vom Büfett, was Sie wirklich mögen und was Sie brauchen. So ist es auch mit Ihrer Human Brand: Die essenziellen Bausteine sind hier Alleinstellungsmerkmal, Wettbewerbsvorsprung, Relevanz, Gesellschaftsbeitrag, Credo …, um kraftvoll ins Leben Ihrer Wahl zu starten. Auf all das gehen wir bei Ihrem Markenbildungsprozess detailliert ein.
2. Der Mensch altert (vornehmer: er reift). Das tut der Schokoriegel nicht. Der findet immer wieder neue Süß-und-nussig-Freunde in der nachfolgenden Generation, während unsereiner sich allmählich den hochprozentigen Kakaobestandteilen oder gar den Weinbrandbohnen zuwendet. Das heißt, der ewig junge Schokoriegel muss nur den veränderten Trends und zeitgeistigen Strömungen in seiner immer gleich jungen Zielgruppe entsprechen und seine Marke fortwährend etwas darauf angepasst werden. Wir Menschen verändern im Unterschied dazu unsere Vorlieben und unsere Zielgruppen. Einiges wird mit der Zeit wichtiger, das hätten wir vorher nie gedacht. Während einiges unwichtiger wird, auch das hätten wir zuvor nie gedacht. So machen Kneipe, Sushi, Auslandsjahre, Schaumparty, Wochenendarbeit vielleicht Platz für Ruhe, Rilke, Pellkartoffeln mit Quark, samstagabends mit der Katze auf dem Bauch auf dem Sofa, arbeitsfreies Wochenende. Oder so ähnlich.

Gut ist bei einem solch natürlichen Wandel, wenn Ihre Markenpersönlichkeit derart *Sie* ist und bleibt, dass sie den ganzen Wandel durchsteht und nicht immer wieder geändert werden muss. Sonst gibt es ständig Markenrevolution, und wie es bei einer Revolution üblich ist, bleibt kein Stein auf dem anderen. Dann müssen Sie immer alles wieder neu aufbauen, und das kostet Authentizität, Glaubwürdigkeit, Kraft, Nerven, Zeit, Herzblut, Schweiß, Tränen, Geld. Stattdessen ist Markenevolution der bessere Weg: Die Marschrichtung bleibt dieselbe, die unumstößlichen Faktoren wie Antrieb und Mission, große Ziele und hauptsächliche Maßnahmen bleiben es auch. Nur die Teilziele ändern sich, gewisse Vorlieben, Prioritäten und Wünsche. Das ist völlig natürlich, und eine umsichtig geschaffene Human Brand gibt Raum für die fortwährende Justierung der Faktoren um ihren Kern herum. Ihre Marke lebt. Genau wie Sie.

MERKE

- Wenn Sie eine starke Marke werden wollen, kommen Sie um ein paar essenzielle Bausteine nicht herum.
- Sie können aktiv zur Marke werden, ein Produkt kann das nicht. Nutzen Sie die Gelegenheit!
- Die umsichtig und vorausschauend geschaffene Marke lässt Raum für Wandel und Justierung. Ihren starken Kern behält sie ein Leben lang.

MEINE DREI GEDANKEN

____

____

____

Die Markenbaupläne

Jetzt kommen die Bausteine Ihrer Human Brand: Hier beginnt Ihr Zwei-Jahres-Horizont!

Erschaffen Sie im Folgenden nicht Ihre Ist-, sondern Ihre Soll-Marke. Denken Sie nicht an heute, sondern an morgen:

- Wofür stehe ich in zwei Jahren?
- Wie bin ich dann positioniert?
- Wie bin ich dann wahrnehmbar?
- Was ist dann meine Herausstellung, was ist mein Gesellschaftsbeitrag?
- Was spüren dann meine Mitmenschen von mir?

Bedenken Sie das bitte immer, wenn Sie in der Folge an den Modulen Ihrer starken Marke arbeiten. (Besonders wirkungsvoll ist es, wenn Sie »Ich in zwei Jahren« dick und fett auf ein großes Blatt schreiben und es ganz oben an Ihre Markenwand hängen.)

Das Markendreieck – Die Ecken Ihrer starken Marke

Welche Voraussetzungen gibt es dafür, dass ein Produkt gemäß der Definition auf Seite 33 eine starke Marke ist? Und vor allem dafür, dass ein Mensch gemäß der marginal veränderten Definition auf Seite 41 eine ebenso starke Marke ist? Es sind gar nicht so viele. Bei brandamazing veranschaulichen wir die wesentlichen Voraussetzungen gern mit unserem »Markendreieck«. Das Modell ist ziemlich einfach und bringt in seinen Ecken auf den Punkt, worauf es ankommt.

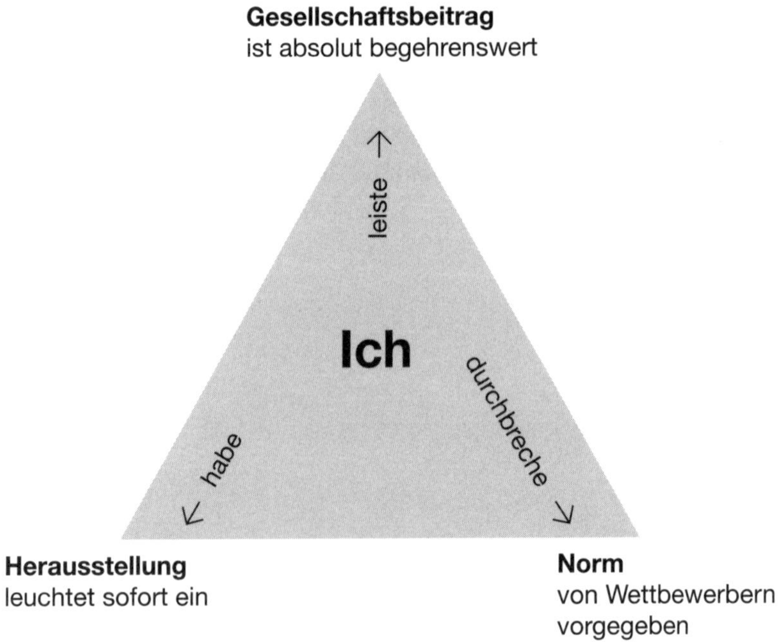

Das Human Branding Markendreieck. Es gilt für ein Produkt genauso wie für Sie.

Markenecke 1 – USP (Herausstellung): Welchen hat das Produkt – welchen haben Sie?

Die von Markenfachleuten oft und gern so bezeichnete Unique Selling Proposition bezeichnet das Alleinstellungsmerkmal, den Vorteil im Vergleich mit den Produkten der Konkurrenz. Dieses gewisse Etwas, das kein anderes Produkt hat, das zum Beispiel eine Schokolade unverwechselbar und zu etwas ganz Besonderem macht und damit aus der grauen Masse der anderen Sorten heraushebt.

Was kann das bei einer Schokolade sein? Sind es die handverlesenen edelsten Criollo-Kakaobohnen aus dem venezolanischen Hochland? Ist es der besonders zarte Schmelz, der vom besonders langen Conchieren kommt? Ist es diese raffinierte Füllung mit Chili oder gar einer Spur feiner Pfälzer Leberwurst? Oder beschränkt sich der USP auf die Verpackung, zum Beispiel auf die Wiederverschließbarkeit der Ritter Sport?

Einen eindeutigen USP zu finden, ist das Schwierigste in Marke und Marketing überhaupt. Ausnahmen sind: der Reißverschluss (USP: fügt zwei Teile eines Kleidungsstücks ohne Knopf und Knopfloch schnell, winddicht und dauerhaft zusammen), der Klettverschluss beim Schuh (USP: hält sicher und geht kinderleicht immer wieder auf und zu), das Rad (USP: man kann es unter schweren Sachen befestigen und sie dadurch bewegen), außerdem tesa Powerstrips (USP: kleben »bombenfest« und können rückstandsfrei wieder entfernt werden) und die Büroklammer (hält Papierblätter zusammen und lässt sich problemlos wieder abmachen). Das sind wirkliche »First Mover«, also Produkte, die etwas zum allerersten Mal möglich machen, mit dem ihre Benutzer etwas tun können, was bisher nicht ging. »Erstbeweger«, so hochtrabend heißt das im Marketing auf Deutsch.

Und der USP beim Menschen, seine tatsächliche oder vermeintliche Alleinstellung? Die ist nicht so leicht zu finden, es sei denn, Sie sind

- Paavo Nurmi, läuft lange Zeit schneller als jeder andere Mensch (ein rationaler USP),

- Ulrike Meyfarth, springt lange höher als jede andere Frau (auch ein rationaler USP),
- Mahatma Gandhi, ist ein Menschenfreund (ein emotionaler USP),
- Dr. Eckart von Hirschhausen, ist lustig (auch ein emotionaler USP),
- jemand aus dem Guinness-Buch der Rekorde, dann können Sie auch irgendetwas am allerbesten (ein oftmals sinnloser USP),
- Ihr Nachbar, der die Einfahrt derart strahlend sauber hochdruckreinigen kann wie kein Zweiter (ein sicherlich sinnloser USP).

Wenn Sie weder rational noch emotional der Größte, die Beste, der Beliebteste, die Schnellste sind, ist es gar nicht so einfach mit der Alleinstellung. Ich bin es auch nicht, habe auch keine echte Alleinstellung. Aber ich kann an dem arbeiten, das auf den Punkt bringen, was mich von der grauen Masse abhebt. Es ist das, was mich förmlich heraushebt, wenn man mich wahrnimmt. Deshalb bezeichne ich den USP, wenn ich mit einem Menschen seine Human Brand entwickle, nicht als seine Alleinstellung, sondern vielmehr als seine *Herausstellung*. Nehmen Sie mich beim Wort: Es ist alles andere als unmöglich, bei konsequenter Beschäftigung mit dem Thema sogar gar nicht so schwer, Ihre Herausstellung zu finden.

Für Beck's Bier ist es auch nicht schwer, als das Produkt Amerika erobert. Dabei ist es gar nicht das erste Importbier in den USA, kein First Mover bei den ausländischen Produkten (das war Heineken). Beck's ist noch nicht einmal das erste aus Deutschland importierte Bier (das war Löwenbräu). Also finden die Markenstrategen von Beck's zwar keinen USP – wie auch? Die ersten aus dem Ausland sind sie nicht, die ersten aus Deutschland auch nicht, und Bier ist halt Bier, reiner als nach dem Reinheitsgebot gebraut geht nicht. Aber sie finden die schlagkräftige Herausstellung. Sie lautet: »Sie haben das deutsche Bier probiert, das in Amerika das beliebteste ist [= Löwenbräu]. Probieren Sie nun das deutsche Bier, das in Deutschland das beliebteste ist.«[11] Das sitzt! Mittlerweile macht Beck's den zweitgrößten Umsatz aller aus Europa stammenden Biersorten in den USA.

Wie es genauso effektiv mit Ihrer Herausstellung geht, wenn Sie auch »bloß« Anwalt, Mutter, Mitbürger, Freizeitsportler, Taxiunternehmer, politisch engagiert, Wanderfreund, Architekt ... sind, darauf kommen wir noch im Detail zurück.

Markenecke 2 – Wettbewerbsvorsprung (Norm): Hat das Produkt ihn ausreichend, haben Sie ihn auch?

Gibt es bereits eine Schokolade mit einem vergleichbaren USP und einem vergleichbaren Nutzen, wird die neu eingeführte nur schwerlich erfolgreich sein. Dann überspringt sie nicht die Messlatte, die sogenannte Norm, die ihr die vielen Wettbewerber vorgeben. Vielmehr ist sie dann austauschbar und belanglos oder »me-too!« (»Ich auch!«) positioniert:

- Ich bin auch zartschmelzend!
- Ich habe auch ganze Mandeln!
- Ich bin auch lila!

Macht Sie das an, greifen Sie da zu? Mich auch nicht, ich auch nicht. Deshalb verschwinden neun von zehn neuen Produkten bereits nach einem Jahr wieder aus dem Regal. Sie haben nichts, was die anderen nicht auch haben. Sie haben keinen Vorsprung vor den anderen. Es gibt keinen Grund, sie zu kaufen. Bei den Menschen ist es genauso. Wir sind darauf programmiert, Erster zu sein und die zu schätzen, die Erster sind. Wobei und wie auch immer. Gut möglich, dass Sie wissen,

- wer der erste Mensch auf dem Mond war. Aber wer war der zweite? (Edwin Aldrin)
- wer Fußballweltmeister 1974 war. Aber welche Mannschaft war Vize? (Niederlande)
- wer zuerst auf dem Gipfel des Mount Everest stand. Aber wer gleich danach? (Tenzing Norgay)

- bei welcher Klassenarbeit Ihr Sohn vor langer Zeit der Beste war. Wann aber war er Zweitbester?
- dass Ihre Frau als erfolgreichste Vertrieblerin ausgezeichnet wurde. Aber in welchen Jahren war sie die zweiterfolgreichste Vertrieblerin, und Sie haben sie nicht einmal geherzt und geküsst dafür?

»Erster sein« liegt in unserer Natur. Und zwar nicht nur im Sport, schon gar nicht nur im Beruf. Vielmehr wollen wir auch im Privatleben Erster sein. Ganz besonders dann, wenn wir verliebt sind und uns um die Gunst dieses ganz besonderen anderen Menschen bewerben: Auf einmal kaufen wir Blumen, kochen von Hand, halten die Tür auf, unterdrücken Gähner, beduften Füllfederhalterbriefe ... Wenn dann per SMS der Bescheid kommt, dass wir das Rennen knapp verloren haben, aber auf einem respektablen zweiten Platz gelandet sind, wollen wir zurück in den Bauch unserer Mutter. Das ist schade, aber so ist die Welt. In dieser Welt hat der im Vorfeld zur Goldmedaillenhoffnung hochgeschriebene Sportler, der bei Olympia Zweiter wird, nichts zu lachen, wenn ihm die Journaille gleich nach dieser grandiosen »Niederlage« ihre Mikrofone unterhält und atemlose Enttäuschung registrieren will. Ein paar Jahre später kennen diesen Verlierer vor dem Herrn dann nur noch Insider, Trivial Pursuit-Spieler und »Wer wird Millionär?«-Kandidaten.

Um Erster zu sein, müssen wir unsere Konkurrenten kennen. Und wenn wir sie schon nicht kennen, müssen wir sie wenigstens einschätzen können. Das tun die Marketingleute bei Produkten mit großartigen Marktforschungen, qualitativ wie quantitativ, Blindverkostungen, Wirkungstests für Fernsehspots, Anzeigen usw. Wir Menschen können das nicht. Aber wenn wir das Terrain bewusst beobachten und genauer hinspüren, wissen wir schon ziemlich gut einzuschätzen, wie der Konkurrenz-Hase läuft.

Markenecke 3 – Nutzen (Gesellschaftsbeitrag): Ist das klar und deutlich beim Produkt und genauso deutlich bei Ihnen?

Das beste Produkt mit dem besten Verkaufsmerkmal ist nur so gut, wie es von seinen Fans, der Zielgruppe also, begehrt wird: Nur wenn das sogenannte Nutzenversprechen der Schokolade – sie erfüllt einen lang gehegten Traum, sie wird einem bestimmten Bedürfnis ganz besonders gut gerecht, sie macht das Leben leichter und erquicklicher … – möglichst viele Menschen interessiert, ja fasziniert, hat sie die notwendige Relevanz und wird beachtet.

Was ist der Nutzen einer Schokolade, welche Relevanz hat sie? Nun, man sagt, sie macht glücklich. Das sagt auch unser Unterbewusstsein, besonders wenn wir uns gestresst fühlen oder traurig sind. Und man sagt neuerdings, dass Schokolade doch nicht dick macht. Das ist dann auch ein Nutzen, andersherum. Schokolade macht Kinder froh. Die Tanten und Patenonkel und natürlich auch die Väter und Mütter unter uns wissen, was eine Tafel aus dem Regal direkt vor der Supermarktkasse bewirken kann. Die Marketingleute nennen diesen umsatzstarken Ort »Impulszone« oder auch »Quengelzone«: Hier liegen die ganzen verführerischen Sachen in den Regalen auf Kindernasenhöhe, damit die Kleinen den richtigen Impuls kriegen, professionell quengeln und schließlich bequem zugreifen. Und Mama oder Papa ist beim Kleingeldzählen derart genervt, dass die Ware mit aufs Band kommt. Hoffentlich sorgt sie wenigstens für Ruhe, bis wir auch noch beim Fleischer und beim Schuster waren! Das ist dann auch ein Nutzen …

Und hier der Nutzen unserer vorne betrachteten Produkte:

- Reißverschluss: spart Zeit, funktioniert leichter, man muss weniger frieren;
- Klettverschluss: besonders gut für Kinder, Ältere und Kranke (auch für Bequeme);
- Rad: bewegt Gegenstände, die (zu) schwer zum Tragen sind, viel leichter von A nach B;

- tesa Powerstrips: Man muss nicht bohren, Bilder und Poster hängen immer gerade, und wenn man sie abnimmt, bleibt die Wand heil;
- Büroklammer: lässt die Papierblätter ganz, man braucht keinen Apparat, um sie zusammenzuhalten.

Beim Menschen sprechen wir statt von Nutzen lieber von seinem »Beitrag« – von Ihrem Beitrag zur Gesellschaft, der Ihnen Relevanz verleiht. Von dem, was Sie den Menschen dalassen, woran sich andere irgendwann gern und eindeutig erinnern, woran sie denken werden, wenn das Gespräch oder das Gefühl auf Sie kommt. Was ist also Ihr Gesellschaftsbeitrag? Was wird einmal von Ihnen in der Erinnerung erhalten bleiben? Wovon wird berichtet werden, wenn das Gespräch auf Sie kommt? Dann werden vielleicht sogar Geschichten erzählt – »Storytelling«, eine identitätsstiftende Wunderwaffe beim Human Branding (siehe Kapitel »Erfolgsfaktor 7 – Wiedererkennung«, Seite 154 ff.).

Schauen wir uns die Menschen, deren Herausstellung wir oben betrachtet haben, hinsichtlich ihres Beitrags zur Gesellschaft an:

- Paavo Nurmi, der Schnellläufer, verbindet in den 1920er-Jahren die Völker und begeistert die Menschen.
- Ulrike Meyfarth, die Hochspringerin, macht die Deutschen stolz.
- Mahatma Gandhi, der Menschenfreund, macht uns glücklich – und schafft das heute noch, wenn wir nur an ihn denken.
- Dr. Eckart von Hirschhausen, der lustige Arzt, bringt andere (besonders gern kranke Kinder) zum Lachen.
- Die Rekordhalter aus dem Guinness-Buch der Rekorde können alle etwas am allerbesten, interessieren uns aber nicht wirklich; sie haben keine Relevanz!
- Der Nachbar, der die Einfahrt hochdruckreinigt, interessiert uns auch nicht wirklich; er hat ebenfalls keine Relevanz!

Also: Die beste Herausstellung nutzt nichts, wenn sie keine Relevanz hat. Ohne das eine gibt es das andere nicht und umgekehrt. Alles hängt, wie so oft im Leben, von allem anderen ab. So ist es auch beim Markendreieck. Bitte bedenken Sie: Alle Ecken müssen gleich stark sein – sonst ist es schnell ein schlappes Dreieckchen oder gar ein Zweieck oder schlimmstenfalls ein Eineck.

MERKE

- Die meisten Menschen können nichts, was nicht auch andere können. Das ist nicht weiter schlimm, Sie sollten sich bei Ihrer Markenarbeit nur darauf einstellen.
- Deshalb heißt der USP beim Menschen auch nicht USP, sondern Herausstellung. Einmal strategisch entwickelt, stellt sie ihn aus der Masse aller anderen Menschen heraus.
- Wir wollen als Erster, Bester wahrgenommen werden. Wir wollen gewinnen. Auch Sie haben etwas, womit Sie wirklich vor allen anderen stehen.
- Menschen haben auch eine Relevanz, die andere Menschen interessiert. Hier heißt sie nicht Nutzen, sondern entsprechend wertschätzend Gesellschaftsbeitrag.
- Achten Sie zuerst darauf, dass Ihre Herausstellung und Ihr Gesellschaftsbeitrag echt sind, wirklich zu Ihnen gehören.

MEINE DREI GEDANKEN

____

____

____

AKTION

1. Sinnbild für die Verdichtung all Ihrer Themen, Aktivitäten, Pläne und Ziele ist der Human Branding Markentrichter (siehe Seite 54). Sie finden ihn als Arbeitsblatt 1 – wie alle folgenden Arbeitsblätter – im Internet auf www.human-branding.de. Es ist gut, wenn Sie sich mit dem Markentrichter immer wieder einmal vor Augen führen, wie wichtig diese Verdichtung für Ihre starke Marke ist.
2. Drucken Sie das Arbeitsblatt 2 »Markendreieck« aus. Schreiben Sie Ihren Namen groß und fett in die Mitte. Jetzt ist das Dreieck wesentlicher Bestandteil Ihrer Marke. Schreiben Sie Ihre ersten Gedanken für Herausstellung, Wettbewerber und Gesellschaftsbeitrag, wie sie in zwei Jahren sein sollen, in die Ecken. Das Dreieck lebt, die Ecken werden mit Ihrer Beschäftigung mit den Faktoren Ihrer starken Marke immer konkreter und griffiger.
3. Überlegen Sie auf einem gesonderten Blatt Papier:

- Was sind eigentlich die kleinen Produkte des Alltags, auf die ich schwöre und die ich immer griffbereit habe?
- Was mag der USP bei diesen Produkten sein?
- Welchen Nutzen habe ich davon?
- Gibt es Konkurrenten dieser Produkte, die auch so eine starke Herausstellung und einen starken Nutzen haben; welche sind das?

4. Überlegen Sie, übertragen auf uns Menschen:

- Welche Menschen in meinem Umfeld haben etwas, was andere Menschen nicht haben? Was können sie, was andere Menschen nicht können? Wie sind sie, so ganz anders als die anderen?
- Wie könnte die Herausstellung dieser Menschen lauten?
- Und was könnte ihr Gesellschaftsbeitrag sein?
- Was löst es in mir aus, wenn ich an diese Menschen denke?

Das Marken-Ei

Viele große, international erfolgreiche Unternehmen – wie zum Beispiel BMW – stellen all ihr Tun auf dieses einfache Markenmodell ab.

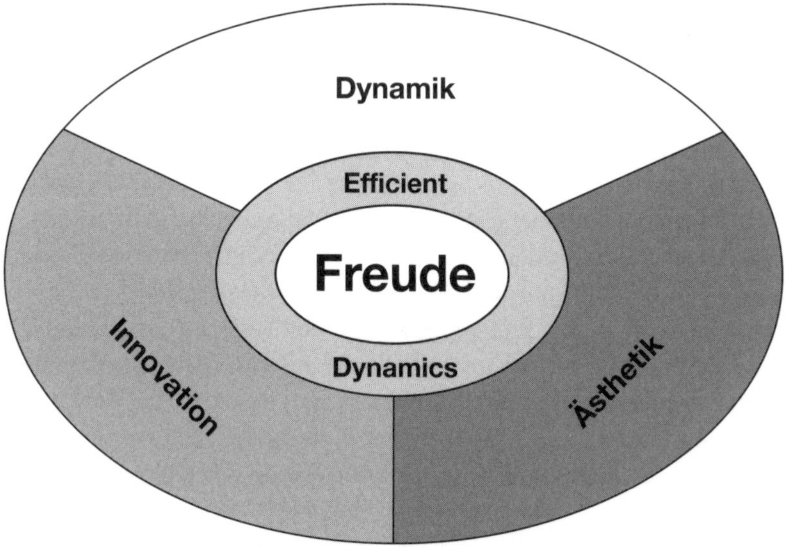

Das Marken-Ei von BMW: Seit Jahrzehnten dasselbe starke Wort in der Mitte, außerdem drei Markenwerte.[12] *(Der hier vernachlässigbare Ring mit der Aussage »Efficient Dynamics« schreibt zusätzlich die Selbstverpflichtung zur ständigen Senkung von Verbrauch und Emissionen fest.)*

Schließen Sie einmal die Augen und stellen Sie sich einen heißen, windstillen Hochsommertag vor: Sie stehen am Ufer eines Teichs, die Wasseroberfläche ist glatt wie ein Brett. Sie holen aus und werfen einen Stein ins Wasser, mit ganzer Kraft, so weit Sie können. Erst macht es »plumps«, Sie hören es bis ans Ufer. Dann schlägt der Stein Wellen. Die ersten Wellen sind kräftig. Es gibt immer neue Wellen. Sie breiten sich immer weiter aus, die äußeren ziehen schon große Kreise. Es dauert eine Weile, dann ist der ganze Teich in Bewegung, rundherum. Die feinen Wellen, die überall ans Ufer kommen, sind klar zu erkennen.

Öffnen Sie wieder die Augen und übertragen Sie das Geschehen. Der Stein ist Ihr Antrieb, Ihre Mission, Ihre Essenz. Er löst die größeren Wellen aus. Und die kleineren Wellen sind all die Dinge, die Sie auf dieser Basis anzetteln: Umzug in eine andere Stadt, Freunde, Bewerbung, Hobby, Fortbildung, Sabbatical, Urlaub … Nichts geschieht zufällig, sondern alles geschieht, weil Sie so sind wie Sie sind. Dieses »So« ist bei vielen Menschen unklar und diffus, wenig griffig, verschwommen.

Der Kern des Marken-Eis (quasi der Dotter) ist dieser Stein. Und er ist dieses »So«. Einige Seiten zuvor haben wir gesehen, worum es bei »Marke« immer geht: aus ganz viel zunächst ganz wenig zu machen. Schlicht und einfach, damit diese bestmöglich verdichtete Essenz durch die engste Stelle im brandamazing Markentrichter passt. Hier, an dieser Stelle, macht sich der Nukleus der Marke fest. Und damit der Nukleus unumstößlich und langfristig planbar festgelegt werden kann, gibt es das Marken-Ei. Dieses auf die Marketing-Fachwelt übertragene Sinnbild vom Schlückchen Espresso und der kleinen Kelle hochkonzentrierter Soße wurde vor Jahrzehnten vom amerikanischen Markenfachmann David A. Aaker entwickelt. Das Gute: Wir brauchten nichts Besseres zu erfinden, weil es nichts Besseres gibt. Stattdessen wenden wir das Modell, wie auch die anderen Modelle in diesem Buch, auf die besonderen Bedürfnisse des Menschen an.

Besonders einladend: Das Marken-Ei ist denkbar einfach:

- In der Mitte steht genau ein Wort, der Markenkern, der »ultimative Kundennutzen«. Dieser Dotter, der Ursprung allen Markenlebens, ist die Existenzberechtigung für das Produkt: Welche Empfindung sollen wir haben, wenn wir es erst sehen, dann kaufen, dann verwenden? Was soll in uns ausgelöst werden, wenn wir jemanden beobachten, der das Produkt schon hat?
- Außen herum, im Eiweiß, stehen die »Markenwerte«. Das sind genau drei Adjektive. Die Markenwerte sind Nahrung für den Mar-

> kenkern, die erste große Welle, die er auslöst. Sie interpretieren und übersetzen ihn, machen ihn griffig. So können alle Menschen, die das Produkt vermarkten, noch viel besser etwas anfangen mit der Positionierung.

Mit dem Marken-Ei haben die Werbeleute das zentrale Element der Anleitung für ihre Aktivitäten, mit denen sie möglichst viel von dem Produkt an den Mann und die Frau bringen wollen.

Weil auch Ihr Marken-Ei unter Berücksichtigung Ihres Markendreiecks und seiner drei starken Ecken – Herausstellung, Wettbewerbsvorsprung, Gesellschaftsbeitrag – entsteht, hat es das Potenzial dafür, sehr lange Zeit der Nukleus für Ihre vorteilhaften und differenzierenden Aktivitäten zu sein. Bei all diesen Maßnahmen soll Ihre Markenpositionierung wahr werden, soll sie mit all ihren Modulen eindeutig wahrnehmbar durchschimmern. Die Module übersetzen die Marke wie die vielen Teile des Autos die Kraft des Motors und seine PS auf die Straße. Das gibt Vortrieb. Nur dann werden Kern, Werte und all die anderen Module umgesetzt und täglich gelebt. Wenn das geschieht, »zahlen Ihre Aktivitäten auf die Marke ein«, wie die Fachleute sagen. Das heißt, Ihre Differenzierung in Ihrem Umfeld, gegenüber Ihren Wettbewerbern und hinsichtlich Ihres Gesellschaftsbeitrags, wie sie im Marken-Ei ja festgeschrieben steht, wird auf bestmögliche Weise kommuniziert.

In der Produktwelt ist eine solche Maßnahme zum Beispiel auch die Hauptaussage, das »Markencredo«: Welche plakative Aussage bringt den Vorteil und den Nutzen des Produkts ganz schnell, ganz einfach und ganz eingängig auf den Punkt? Ein gutes Beispiel ist das Markencredo der Ritz-Carlton Hotels. Jeder Mitarbeiter trägt es auf einer kleinen Karte immer bei sich: »We are Ladies and Gentlemen Serving Ladies and Gentlemen.« (»Wir sind wahre Herrschaften, die sich um wahre Herrschaften bemühen.«) So einfach, so eindeutig, so Nutzen versprechend und allein stellend gegenüber dem Wettbewerb – wenn die Mitarbeiter tatsächlich jeden Tag alles dafür tun, das Markencredo in das zu übersetzen, was sie tatsächlich und spürbar für den Gast tun. So leben sie das Credo und machen es erlebbar. Sie übersetzen es in eindeutig nachvollziehbare Teilbotschaften, die im Idealfall sofort dieses eindeutige Gefühl entstehen lasen, das der Mensch eben nur bei Ritz-Carlton hat.

Genauso ist es beim Waschmittel. Die Hauptaussage soll in allen Marketingmaßnahmen, also auch in der Werbung, klar und eindeutig rüberkommen: Anzeigen, Broschüren, TV- und Radiospots, kleine Schildchen am Regal und Probieraktionen im Supermarkt, etc. etc. Und zwar nicht einfach dahergeplappert, sondern hier untrennbar verbunden mit diesem ganz besonderen Produkt und seiner starken Marke.

Das Marken-Ei und das Markencredo sind die Messlatte für

- die unternehmensinterne Kommunikation, sie kommt idealerweise zuerst: Alle Mitarbeiter sollen erfahren, wie das Produkt ist, was es anders und besonders macht, was die Hauptaussagen für den Verkauf sind. Dafür gibt es Schulungsmaßnahmen für das Markenverhalten (»Brand Behaviour«), und die Mitarbeiter werden zu Markenbotschaftern (»Brand Ambassadors«) am Punkt des Interesses und des Verkaufs (»Point of Interest«, »Point of Sale«). Wie immer bei einer solchen Fachwort-Kanonade: Nicht dahinter verstecken und Ahnung heucheln! Stattdessen kommt es darauf an, was man darunter versteht (dazu kann man auch deutsch sprechen) und was man daraus macht.
- die externe Kommunikation, sie kommt idealerweise anschließend und beschäftigt die ganzen Dienstleister, die am Marketing beteiligt sind: Verpackungsdesigner, Werbeagentur, Filmproduktion, Messebau-Unternehmen, PR-Agentur ... Die Arbeit all dieser Unternehmen muss eng miteinander verzahnt werden, damit zum Schluss kein beliebiger Kommunikationsquatsch mit Soße herauskommt. Da ist es gut, wenn es die unumstößliche Grundlage für alles gibt, an dem sich alle einzelnen Maßnahmen und ihr Erfolg messen lassen – die Markenpersönlichkeit.

Ein gutes Beispiel für ein Marken-Ei ist das von BMW am Anfang dieses Kapitels. Der Automobilhersteller möchte seine Produkte und Dienstleistungen klar abgrenzen von den anderen Herstellern im sogenannten Premium-Segment (Audi, Porsche, Volvo, Mercedes-Benz …). Deshalb werden alle Aktivitäten jedes Mitarbeiters und jedes Dienstleisters von BMW, überall auf der Welt, intern wie extern daran gemessen, ob sie dem Markenkern entsprechen. Dieser Kern wurde von ganzen Stäben an Fachleuten vor Jahrzehnten unumstößlich festgelegt und berücksichtigt die Ecken des starken Markendreiecks von BMW. Er ist derart stark, dass er BMW auch heute noch eindeutig erkennbar und wiedererkennbar macht. Vor allen Dingen: Er gilt heute noch und macht BMW weiterhin eindeutig und stark. Überall auf der Welt, von Bangladesch über Norwegen bis Nicaragua ist er die Grundlage für alle Aktivitäten des Hauses BMW, für alles, was die weltweit über 100 000 Mitarbeiter tun und – viel wichtiger – für alles, was sie lassen. Jedes Produkt wird daran gemessen, ob es dazu geeignet ist, beim Interessenten und beim Konsumenten *Freude* auszulösen. Geschieht das nicht, wird die Idee verworfen. Das machen die Leute von BMW so gut, dass es seit den 1960er-Jahren nur einmal so richtig schiefging: Kennen Sie noch diese überdachten Motorroller, die man ohne Helm fahren konnte? Die armen Fahrer wollten auch stolze BMW-Fahrer sein, sahen aber gar nicht BMW-like aus, und ihre verkniffene Freude nutzte sich schnell ab. C1 hieß das Gefährt, 2003 wurde die Fabrikation stillschweigend eingestellt. (Vielleicht denken Sie jetzt auch an das Desaster mit Rover. Sie haben recht, es war eines. Nur hatte das mit der Produktmarke BMW nichts zu tun. Vielmehr war Rover eine weitere Marke im BMW-Konzern, wie es heute zum Beispiel neben BMW auch die Produktmarken MINI und Rolls-Royce sind.)

Der Markenkern von BMW heißt »Freude«. Wir alle sollen Freude empfinden, wenn wir einen BMW fahren oder ihn nur auf der Straße sehen; wenn wir beim Händler sind und uns umschauen, ja selbst wenn wir unser Auto zur Inspektion bringen und dieser Akt ganz besonderer Fürsorge unser Hirn an und für sich nicht gerade dazu anregt, Glückshormone freizusetzen. (Schließlich gehen wir im Grunde mit unserem Auto zum »Arzt«, und die Zuzahlungen sind meist nicht gerade günstig.) Wie ist diese Freude denn nun genau charakterisiert, wie wird sie interpretiert? Das leisten die Markenwerte »Dynamik«, »Ästhetik« und »Innovation«.

Wenn ein BMW-Produkt auf den Markt kommt, bauen alle Marketing-Maßnahmen – Werbung, Messepräsentationen, Internet, PR … – darauf auf, welcher Art die Freude ist, die der neue 1er oder der neue 7er, das neue Enduro-Motorrad oder die neue Kreditkarte von BMW Financial Services auslöst.

Was bedeuten bei einem solchen Produkt nun die Markenwerte, die erste große Welle, die der Markenkern auslöst? Zum Beispiel der an sich ziemlich heißluftige Markenwert »Dynamik«? Die Heerscharen an Markenstrategen werden sich doch etwas dabei gedacht haben! Wie konkretisieren sie das, wie machen sie aus »Dynamik« unverwechselbare BMW-Dynamik? Sie meinen damit erstens Sportlichkeit: Die Marke stellt sich dem Wettbewerb, kämpft hart, aber fair. Sie ist zweitens geistig beweglich – hat Weitblick, agiert schnell und reagiert flexibel. Und drittens ist sie jung, das heißt, die Marke hat Schwung und besitzt jugendliche Fahrfrische. All diese Attribute, das ist der Anspruch, müssen im Kopf und im Bauch des Nutzers eines Produkts zum Leben erweckt werden. Er soll sie mit allen Sinnen spüren. Der nächste Markenwert »Innovation« wird übersetzt mit einfallsreich (geniale Ideen und wegweisende Lösungen, auch durchgesetzt gegen eingefahrenes Denken), kreativ (außergewöhnliche und individualisierte Umsetzungen, andere Blickwinkel und neue Perspektiven) und zielstrebig (ehrgeizige Ziele, die konsequent verfolgt werden, durchaus auch kämpferisch). Der Markenwert »Ästhetik« schließlich hat die Interpretationen exklusiv (BMW ist wertvoll und einzigartig, ein besonderer Premium-Genuss), ästhetisch (die Marke ist stilsicher in Form, Ausdruck und Verhalten und hat Sinn für Schönheit und Geschmack) und integer (BMW ist hoch professionell, handelt verantwortungsbewusst und schafft Vertrauen).

Mit diesen Leitplanken können nicht nur die BMWler Produkte derart entwickeln, wie das eben nur BMW macht, sondern auch alle Agenturen loslegen, die auf der ganzen Welt mit der Werbung dafür beschäftigt sind. Sie arbeiten Hand in Hand und kümmern sich um

Broschüren, Anzeigen, Webseiten, Messestände und Fernsehspots. Das soll Vorfreude aufs Produkt auslösen. All ihre Aktivitäten zielen auf den Markenkern ab, und damit auch auf seine Markenwerte und die ganzen weiteren Wellen. Das vermeidet sinnlos verpuffende Budgets, unterscheidet von den Produkten der anderen Hersteller und weckt Begehrlichkeit. Freuen will sich schließlich jeder!

Ein weiteres Beispiel für ein Marken-Ei: McDonald's. Auch dieses Unternehmen legt seine Markenpersönlichkeit fest, schafft die Grundlagen für sein Tun, und zwar scharf abgegrenzt vom Wettbewerb (natürlich Burger King, aber auch Wendy's Taco Bell, Kentucky Fried Chicken und viele lokale und regionale Hamburger-Ketten in Amerika und überall auf der Welt). McDonald's hat nicht ein Wort als Markenkern, sondern einen ganzen Satz: »Gut schmeckende Hamburger und Extras wie Spiele, Verbindung zu Kindern und Familie«.

Das Marken-Ei von McDonald's: Ein ganzer Satz als Markenessenz, drei mehr oder minder austauschbare Markenwerte außen herum.[13]

Da Sie bestimmt auch ein Bild von McDonald's im Kopf haben – wie klingt das für Sie? Ich finde es etwas zu episch und zu beliebig, wie die Markenwerte »warmes Essen«, »schnell« und »weltweit wohlschmeckend« – und damit auch das ganze Unternehmen.

Ganz anders Burger King. Da gibt es zwar auch nur Burger, aber die sind gegrillt. Mir öffnet sich eine ganz spezielle Vorstellungswelt: großartige Prärie, unendliche Weiten. Die strammen Gäule grasen die verbrauchten Kalorien seit Culver City wieder drauf. Das fahrende Abenteurervolk schart sich um die Feuerstelle, während am Horizont die Sonne glutrot im Canyon versinkt. Die Luft flirrt. Jetzt ist der Moment für einen Doppel-Whopper mit Cheese – gegrillt, eben hier! Okay, das Bild leidet etwas, wenn ich der Letzte bin im Büro und mit allerletzter Kraft zu Burger King im Hauptbahnhof in München finde, um in dessen ganz eigenem Ambiente mit allerallerletzter Kraft diesen fettigen Prärie-Whopper zu erlegen. Aber es funktioniert. Zugegeben, auch McDonald's gibt der Erfolg Recht. Aber wer weiß … Vielleicht wäre dieser Erfolg mit einem anderen Markenkern und anderen Markenwerten noch viel größer.

Es gibt hier keine starren Regeln, deshalb ist beim Branding ein ganzer Markenkernsatz auch erlaubt. Bedenken Sie bei Ihrem Marken-Ei aber bitte: Je weniger, desto besser! Ich empfehle Ihnen, es BMW gleichzutun und Ihre Markenessenz in einem einzigen Wort und vor allem als Gesellschaftsbeitrag mit hohem Nutzen für andere zu formulieren. Achten Sie außerdem auf griffige Markenwerte und formulieren Sie sie lieber als Adjektive, das ist schlüssiger und motivierender. (Bei BMW waren es jahrzehntelang auch Wie-Wörter, aber jetzt sind da in der Branding-Abteilung irgendwie Hauptwörter in.)

MERKE

- Ihr Marken-Ei ist das zentrale Element Ihrer Markenpersönlichkeit.
- In der Mitte steht ein Wort, das stärkste, das es für Sie gibt. Dieser Markenkern formuliert Ihren ultimativen Gesellschaftsbeitrag.
- Außen herum stehen Ihre Markenwerte. Sie unterstützen den Markenkern, interpretieren ihn und sorgen dafür, dass er lebbar und erlebbar werden kann.
- Leben Sie Ihr Marken-Ei: Bei all ihren Aktivitäten soll Ihre Markenpersönlichkeit eindeutig wahrnehmbar durchschimmern.
- Dabei unterstützt Sie Ihr Markencredo: ein starker Satz wie der von Ritz-Carlton, der sich überall durchzieht.

MEINE DREI GEDANKEN

____

____

____

AKTION

1. Überlegen Sie, welchen Markenkern die anderen Automobilhersteller im Premium-Segment, also die direkten Konkurrenten von BMW, haben könnten. Er sollte als Basis ihres Erfolgs genauso Nutzen versprechend sein wie »Freude«. Und er sollte einzigartig sein, das heißt sich nicht neutralisieren mit dem ultimativen Nutzen der anderen Hersteller.[14]

2. Ein Kärtchen wie das von Ritz-Carlton gibt es auch für Human Branding, mit einem ganz eigenen Credo: Drucken Sie sich über Ihre persönlichen Zugangsdaten das Arbeitsblatt 3 »10 Human Branding Regeln für Verlierer« aus. Schneiden Sie das Kärtchen aus und kleben Sie es auf festen Karton. Bewahren Sie die Regeln dort auf, wo Ihr Blick jeden Tag hinfällt: an der Pinnwand über Ihrem Schreibtisch, am Badezimmerspiegel oder im Geldbeutel, wo vielleicht schon die Fotos von Ihren Lieben stecken.

Die Module Ihrer Human Brand

Folgt man den neuesten Erkenntnissen der Hirnforschung, werden Eindrücke von Produkten und ihren Marken in beiden Hirnhälften abgelegt. Sie sind miteinander verknüpft und haben unterschiedliche Aufgabenschwerpunkte.[15] Die linke Hirnhälfte ist eher das sprachliche, rationale Zentrum. Sie arbeitet sehr analytisch und sequenziell und wird stark durch Gedanken gesteuert. Das heißt, die Informationen über die Marke bzw. das Produkt werden mit großer Beteiligung der Gedanken aufgenommen und dann in der linken Gehirnhälfte Stück für Stück bearbeitet. Hier zählen die Attribute der Marke, wie der Käufer sie bewertet und welchen Nutzen er daraus ziehen kann.

Dagegen arbeitet die rechte Gehirnhälfte weniger genau. Ihr reichen Vorstellungen, Bilder und Grobeinschätzungen; also alles, was zum ersten Eindruck gehört, den wir uns bilden. Sie ist stark emotional ausgerichtet. Bei der Aufnahme markengeprägter Kommunikation und der Verarbeitung von Reizen stehen hier die Eindrücke und Gefühle des Konsumenten im Vordergrund.[16] Da nun beide Hirnhälften miteinander verbunden sind, entsteht in ihrem Zusammenspiel das ganze Bild von einer Marke im Kopf, rational wie emotional, geprägt von harten Faktoren (Material, Qualität, Verarbeitung, Verwendungszweck etc.) genauso wie von weichen Faktoren (Image, Begehrlichkeit, Zufriedenheit etc.).

Daraus folgt, dass eine starke Marke mit ihren Modulen beide Hirnhälften ansprechen muss, um ein rundes, stimmiges Bild von ihr zu ermöglichen. Im Idealfall ergeben diese Module in der Zusammenschau, als großes Gesamtbild von der Marke, viel mehr als die Summe ihrer Teile. Dies dann, wenn wir ihre Module derart miteinander verknüpfen, dass sie nicht nur beide Gehirnhälften gemeinsam ansprechen, sondern dadurch auch die vollständige Vorstellungswelt von diesem Gesamtbild erschließen. Dann ergibt sich, was Markus Hofmann von der Gedächtnistraining-Front mit der Formel »1 + 1 = 11« übersetzt: Der Empfänger der Markenbotschaft empfindet beim Erlebnis der gesamten Marke viel mehr, als ihr Absender erwarten kann. Denken Sie an diese Formel, während Sie Ihre Human Brand entwickeln.

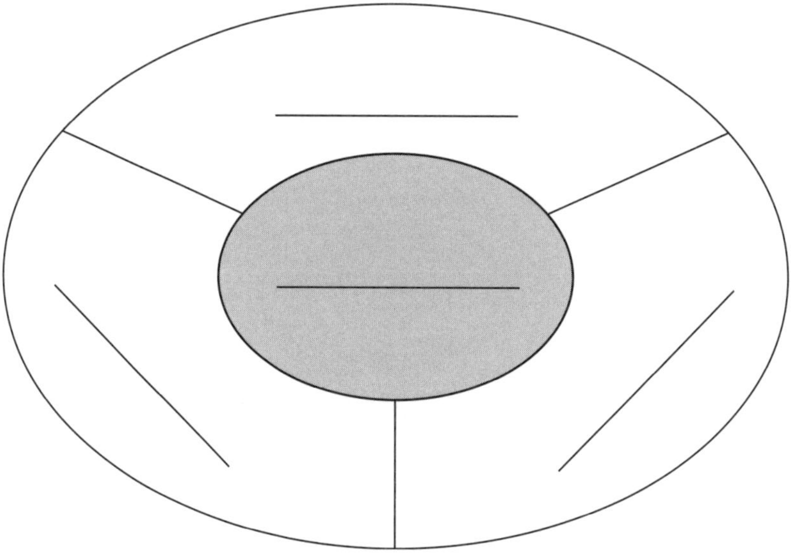

Ihr Marken-Ei, noch völlig leblos: Im »Dotter« steckt später die ganze Lebenskraft Ihrer Marke – der Markenkern. Die Markenwerte im »Eiweiß« sind die Nahrung für den Kern.

Ihre Human Brand besteht aus diesen Modulen:

- dem Marken-Ei: Der Stein, der ins Wasser plumpst und die ganzen Wellen auslöst
- der Herausstellung und dem Gesellschaftsbeitrag als erste große Welle
- dem Markencredo als zweite große Welle
- Ihrer Bild- und Ihrer Vorstellungswelt als dritte große Welle
- Ihrem Radiospot als vierte große Welle

Auf der Grundlage dieser Marke folgen all Ihre Aktivitäten und Maßnahmen. Sie verursachen die ganzen weiteren kleineren und größeren Wellen bis ans Ufer.

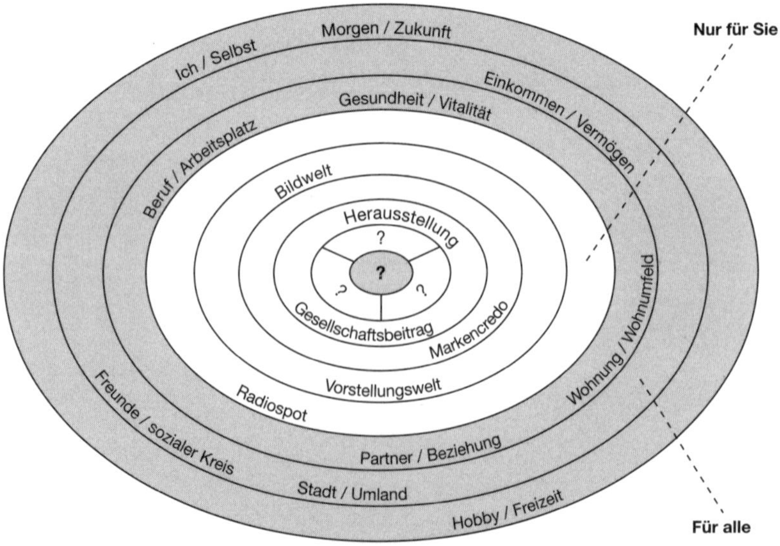

Wellen und Erfolgsmodule: Wenn die Marken-Persönlichkeit entwickelt ist (weiß), zieht sie ihre Kreise. So hat sie Einfluss auf alle Lebensbereiche (grau).

MERKE

- Eine Markenpersönlichkeit ist nur so gut wie jedes ihrer Module. Nehmen Sie alle gleich wichtig.
- Alles wirkt mit allem zusammen. Hier gibt es keinen Anfang und kein Ende.
- Je stärker der Kern, desto stärker sind die Wellen ganz außen und ihre Wahrnehmbarkeit.

MEINE DREI GEDANKEN

____

____

____

AKTION

1. Drucken Sie das Arbeitsblatt 4 »Marken-Ei« aus. Hier gibt es genau vier Plätze für vier Worte – Ihren Markenkern in der Mitte und Ihre Markenwerte außen herum. Und zwar als Soll-Kern und Soll-Werte, in zwei Jahren. Verglichen mit den Beispielen von BMW und McDonald's: Was ist mein ultimativer Antrieb, mein Markenkern, das, was ich anderen gebe, was die anderen bei mir spüren?

   Die Markenwerte unterstützen und interpretieren den Markenkern. Falls Sie Anregungen dafür brauchen, welche Dimensionen und Worte es sein können, drucken Sie das Arbeitsblatt 5 »Semiometrie« (Semiotik, griech. Lehre von der Bedeutung der Zeichen und Symbole) aus. Aber: Hier kann Sie zu viel »Futter« kirre machen. Versuchen Sie es deshalb erst einmal ohne diese Unterstützung.

Probieren Sie sich aus:

- Wie wirkt welcher Markenkern mit welchen Markenwerten?
- Ist das Ergebnis wirklich das stärkste und eindeutigste, das mich und meine Essenz am besten auf den Punkt bringt?
- Ist der Markenkern wirklich nach außen, auf meine Umwelt gerichtet und nicht ich-zentriert?
- Sind alle Markenwerte als Adjektive formuliert?

Noch dürfen hier ganz viele Worte stehen, die Sie aufschreiben, durchstreichen, wieder hinschreiben und wieder durchstreichen. Am Schluss Ihres Markenbildungsprozesses stehen im Marken-Ei genau vier Worte. Dann hilft auch kein Biegen, Dehnen, Schummeln; sonst haben Sie schließlich keine starke Marke, sondern ein schlappes Märkchen.

2. Drucken Sie das Arbeitsblatt 6 »Module und Wellen« aus und achten Sie immer mal wieder darauf. Das Schaubild verdeutlicht, wie die Module Ihrer Markenpersönlichkeit miteinander zusammenhängen und aufeinander wirken und was sie auslösen.

Die Human Branding Erfolgsfaktoren

Erfolgsfaktor 1 – Fokus: Finde heraus, wofür du stirbst!

Früher sagte der Vater dem Kind, wo es langgeht. Der Volksmund bringt das mit dem Spruch »Solange du die Füße unter meinen Tisch stellst …« auf den Punkt. Damals wurde der Sohn Fleischer, weil der Vater Fleischer war. Dann entwickelte er vielleicht die Meinung, er wäre viel lieber Bäcker geworden, und haderte sein Fleischerleben lang mit seinem Schicksal. Damals wurde die Tochter Hausfrau, weil die Mutter auch Hausfrau war. Mit viel Glück und viel Quengeln durfte sie vorher eine kurze Ausbildung zur Hauswirtschafterin machen. Viel lieber wäre sie aber Ärztin geworden. Nun haderte auch sie ihr Hausfrauenleben lang mit ihrem Schicksal.

Heute ist alles ganz anders. Fleischersöhne werden Bäcker, Töchter auch (oder eben Ärztin). Aber das Heulen und Zähneklappern ist das Gleiche wie früher, nur aus anderem Grund. Was es da zu viel an Vorgaben und Regeln gab, gibt es heute im Gefühl desjenigen, der sich aus der Fülle an Möglichkeiten das Beste auswählen soll, eher zu wenig: Keiner nimmt einem die Entscheidung mehr ab, man muss die volle Verantwortung selber tragen, und die Eltern können es mit all ihrem Verständnis, Rat und Druck nur falsch machen.

Als es bei mir losgeht mit den Wünschen und Plänen, geben meine Mutter und mein Vater mir das gute Gefühl, machen zu können, was ich will. So richtig sprechen sie es nicht aus, aber ich spüre, was sie und wie sie es meinen. Klar und deutlich spricht mein Vater eines aus: Hände weg vom Bau! Er ist Bauunternehmer, eine ziemlich große Firma, hoch und tief, überall fahren die Autos und die Lastwagen mit dem großen Aufkleber »Berndt baut!« herum, und in der Hinterpfalz ist man wer als Sohn dieses Vaters. Den Eltern, meiner Schwester und mir geht es gut, in jeder Hinsicht. Und wie sehr sich mein Vater zeit seines Berufslebens damit abmüht, seinen Angestellten und deren Familien, auch natürlich seiner eigenen Familie, die Perspektive zu erhalten, kriegt draußen keiner mit. Ich selbst erkenne erst spät, wie schlaflos diese Verantwortung ihn macht.

Also: Wirklich nicht die berndtsche Baudynastie fortschreiben – das erwarten die Leute doch, oder? Hände weg vom Bau? Was aber dann? Das mit dem Juniorchef-Büro neben dem Seniorchef-Büro würde wohl nicht wirklich gut gehen, in schwierigen Zeiten schon gar nicht; das merke ich früh. Was aber dann? Kennen Sie das auch? Ich interessiere mich für alles, aber es gibt nichts, ohne das ich mir nicht vorstellen kann zu leben: Ich sportle etwas herum, Tennis, Tischtennis, Skilaufen, Joggen. Bei den Pfadfindern bin ich zweimal, zum ersten und zum letzten Mal. Ich habe so meine Kreise, mit denen es ins Schwimmbad und zum Billardspielen geht. Wir stehen tagelang mit den Mofas am »Rosengarten« herum, so heißt der Platz mit dem Springbrunnen, einer echten Verkehrsampel und dem einzig wahren Eiscafé in Kusel. Da kommen immer alle vorbei, und da bespaßen wir die Mädchen mit Himbeere, Schoko und Stracciatella, dazu die üblichen Jungmännersprüche. Das ist's dann aber auch. Nachts hingebungsvolle Gedichte schreiben unter der Bettdecke? Nach der Schule die schönsten Vogelhäuschen der ganzen Stadt zimmern? Für die Ortsgruppe von Amnesty International Plakate kleben und kurdische Musikabende im Jugendhaus organisieren? Eher nicht.

Meine Eltern kriegen auch mit, dass ich so etwas vor mich hindümple. So lande ich mit 17 in den Sommerferien bei der *Rheinpfalz*, der örtlichen Zeitung. Mein Vater hat das mit dem Redaktionsleiter eingefädelt, und ich schreibe bald Polizeiberichte, Reportagen über den lokalen Apfelmostbetrieb und das älteste Süßwarengeschäft. Später darf ich zur Stadtratssitzung und Konzertkritiken aus den Dorfgemeinschaftshäusern der Umgebung liefern. (Dabei weiß ich nicht einmal, wie viele Saiten eine Bassgitarre hat.) Es folgen jahrelang Fernsehkritiken für den Hauptteil des Blattes, dann die Bewerbung an der Deutschen Journalistenschule München – und: Ich werde genommen! Es folgen eine wunderbare Ausbildungs- und Studienzeit, Praxissemester bei der *Brigitte* und beim Südwestfunk, einige Jahre

als Texter und Konzeptioner mit dem damaligen Werbestar Michael Schirner in Düsseldorf …

Heute brenne ich fürs Reden und Schreiben – das hat alles mit Worten zu tun. Und für das, was man daraus machen kann: Ich bin Management-Trainer, Vortragsredner und Coach. Ich konzipiere und entwickle Marken, für Unternehmen, Produkte und Menschen. Ich schreibe Reisereportagen und diverse Bücher. Ich kann sagen, ich lebe für die Worte, geschrieben und gesprochen. Das ist meine Berufung. Ich stehe leidenschaftlich gern auf der Bühne, arbeite mit Menschen, mit meinen Kollegen in der Firma. Und ich schicke handgeschriebene Dankeskärtchen, um mich für eine Einladung zu bedanken. Das ist einer meiner Anker, wirkt wie Samt und Seide (mehr dazu unter »Erfolgsfaktor 8 – Klappern«, Seite 164 ff.). Was ich als Mann der Worte und des Schreibens nicht bin: Therapeut, hauptberuflicher Journalist, PR-Stratege, Politiker, Lobbyist, Umweltaktivist … Dafür brenne ich nicht, und ich grenze mich ab davon. Vor allem bin ich kein Bauunternehmer, bin meinem Vater nicht gefolgt. Er selbst scheint mir erst jetzt, nach der erfolgreichen Insolvenz mit menschlichem Antlitz, so richtig im Reinen mit sich und der Welt. Weil er die Last los ist und all das hat, was es dafür braucht, seine ganze Zufriedenheit zu leben.

Jeder macht also das, was er am liebsten macht und am besten kann. Sonst am besten nichts. Melitta beachtet diese goldene Markenregel einmal nicht und will mehr: Die Kaffeefilterspezialisten bringen Staubsaugerbeutel auf den Markt, auch unter dem Namen Melitta. Möchten Sie das Gefühl haben, dass Ihr Morgenkaffee durch das gleiche Filterpapier läuft, durch das Sie eben noch die Hamsterhaare im Kinderzimmer aufgesaugt haben? Ich auch nicht. Deshalb verschwinden die Beutel bald wieder aus unseren Augen. Und sie bleiben doch: Heute heißen sie nicht Melitta, sondern Swirl. Das passt – keine Markenverwirrung bei den Kunden.

Ähnliches leistet sich die Zahncremefirma Colgate, indem sie einmal in den USA Fertiggerichte mit der Untermarke »Colgate's Kitchen Entrees« auf den Markt bringt. Haben Sie, während Sie das lesen, bereits den Geschmack von Roulade Sensation White und

Fluor-Prinzessböhnchen auf der Zunge, den unwiderstehlich mintfrischen Duft dieser ganz besonderen Köstlichkeiten in der Nase? Viel wichtiger die Frage: Schützen Rindsrouladen gegen Karies? Vor oder nach dem Zähneputzen? Colgate lässt den Unsinn bald wieder bleiben. Genau wie der Nivea-Hersteller Beiersdorf, der 1933 eine Nivea-Zahnpasta auf den Markt bringt und alsbald wieder begräbt. Wonach mag die wohl geschmeckt haben …?

Genau den anderen Weg, schreibt der Psychologe Gerd Gigerenzer in seinem Buch *Bauchentscheidungen*, geht das Brookville Hotel in Kansas. Man muss sehr weit fahren, um dort zu essen, Reservierung dringend empfohlen. Das Haus ist immer voller Gäste, die ungeduldig mit dem Besteck klappern. Seit jeher gibt es genau ein Gericht, jeden Tag das gleiche: Ein halbes gebratenes Hähnchen aus der Pfanne, mit Kartoffelbrei, Mais in Cremesoße und Backpulverbrötchen, hinterher hausgemachtes Eis. Nicht nur, dass die Gäste froh sind, sich einmal nicht entscheiden zu müssen – dieses einzige Menü auf der nicht vorhandenen Speisekarte ist zudem derart köstlich, dass die Mund-zu-Mund-Propaganda hervorragend funktioniert und die Wohlschmecker sich in allen Ecken des Staates in die Autos werfen.[17] Welch ein Ruck würde wohl durch Kansas gehen, wenn das Hotel auf einmal ein zweites Gericht, etwas mit Fisch, anböte? Der Zauber wäre dahin.

Deshalb: Stellen Sie sich die Einsame-Insel-Frage einmal anders: Wie möchte ich dort unbedingt leben, wonach möchte ich streben, ohne was kann ich unter keinen Umständen sein? Überlegen Sie nicht zu lange und fragen Sie Ihren Bauch. Natürlich sind alle Antworten erlaubt, aber – und das ist das Gemeine – nur eine! Der Bauch hat meistens recht. Spüren Sie einmal hin, welche Antwort Ihnen ein wohliges Kribbeln in den Nacken zaubert …

Ein positives Beispiel: Jamie Oliver kocht. Immer. Er kann nicht anders. Und er macht Fertigsoßen, Geschirr, Essig und Öl und Kochbücher. Aus diesem Fokus kann man noch viel mehr machen: TV-Shows (hat er), Restaurants (hat er), Pfeffermühlen (hat er), eine Kochschulen-Kette (baut er auf). Man kann mit dieser Kernkompetenz zum Beispiel auch Programme mit besonders proteinhaltigen Nahrungsmitteln für Krisenregionen fördern und mit der starken Marke Jamie Oliver die Medien, die großen Unternehmen und die Fans zum Mitmachen anregen. Aber der Meister gibt, wenn er so schlau ist, wie man annehmen darf, seinen guten Namen nicht für eine Limited Edition des Opel Corsa her (Steffi Graf hat das mal getan, und da hat es irgendwie gepasst) oder für einen Satz wurzelholzgedrechselter Golfschläger.

Auch hier wird es jedoch gefährlich, wenn die Marketing- und Lizenzberater über die Stränge schlagen: In Frankfurt gab es für kurze Zeit das *Jamie Oliver Dinner* im Varietézelt, wo man beim Verzehr von weißem Fisch an weißer Soße ungefragt von hinten an den Haaren gezupft wurde. Das Ticket kostete über 100 Euro, und einer kreuzte den lieben langen Abend garantiert nicht persönlich auf – Jamie Oliver. Da wurde sogar so einer schnell beliebig, und hier war es dann Essig mit seinem Fokus. Also Vorsicht auch mit Ihrem Fokus! Es braucht lange, ihn zu finden und dann zu hegen und zu pflegen und für alle nachvollziehbar spürbar zu machen. Wenn man nicht immer wieder aufs Neue aufpasst, ist er rasend schnell kaputt. Hier denke ich gern an dieses alte handemaillierte Schild auf Deutschlands Wanderparkplätzen, mit dem brennenden Baum drauf und dem begnadeten Satz: »Ein Wald ist schnell zu Asche gemacht.« Ein Fokus und damit die ganze Marke auch.

Wie können Sie nun von all diesen Geschichten, den Menschen und Firmen profitieren? Oder wussten Sie schon immer, was das Feuer ist, das in Ihnen lodert? Dann herzlichen Glückwunsch und großer Neid – Sie haben das, was die meisten anderen gern hätten: eine klare Vorstellung davon, was Sie antreibt. Allen anderen leicht Hadernden und/oder mittelschwer Unentschlossenen sei gesagt: Sie sind nicht allein! In einer Welt, in der wir alles tun und gleichzeitig alles bleiben lassen können, feiert die Suche nach Sinn, nach der Berufung fröhliche Urständ. Haben Sie sich denn die Einsame-Insel-Frage tatsächlich schon einmal gestellt? Ohne was können Sie tatsächlich nicht sein? Wie schaut Ihre Brookville Hotel-Speisekarte aus?

Wenn Sie für Ihre Familie leben, ist das ein wichtiger Hinweis auf Ihren ultimativen Fokus. Dann sollte die Karriere ein Karrierchen und Ihr Streben danach buchstäblich sozialverträglich sein. Sonst sitzen Sie irgendwann nachts um zehn da oben im achten Stock des Headquarters der Company, die Ihnen mit allen Früchten und Pflichten zu 100 Prozent gehört, zusammen mit Ihrer brünetten Assistentin Nr. 5 (oder, für die Leserinnen, mit Ihrem bizepsdrallen Assistenten Nr. 5) und Sushi und Wodka Smirnoff herum und wundern sich, dass kein Mensch Sie mehr anruft. Alles geht halt nicht!

Das sagte sich Angie Sebrich, dauergehetzte Kommunikationschefin beim Musiksender MTV, eines Tages auch und sattelte um auf Herbergsmutter in der Jugendherberge Sudelfeld in Bayrischzell. Ehrlich! Heute hat sie Zwillinge, lebt mit dem Vater zusammen, beherbergt die Jugend und zieht die eigene sogar selber groß.

Wenn Ihnen dagegen die Firma über alles geht, zahlen Sie auch den Preis für dieses Leben Ihrer Wahl. Kein Schwein ruft mehr an, und Sie können das verstehen. Abends kommen Sie heim, und das Essen steht im Kochbuch. Kinder haben Sie im besten Fall im Affekt bekommen. Dafür machen Sie exotische Urlaube, fahren den großen Schlitten Ihrer Wahl und speisen in den Lokalen, die Wolfram Siebeck empfiehlt. Nicht besser, nicht schlechter als oben – nur eben anders.

Natürlich gibt es noch die Mischform, Familie *und* große Karriere. In der Tat, die gibt es! Jeder kennt einen, der einen kennt, der das hinkriegt. Aber setzen Sie bitte nicht darauf, dass Sie das auch schaffen. Dafür ist die Wahrscheinlichkeit einfach zu gering. Beim Gespräch über zeitgemäße Markenführung in Unternehmen für mein Buch *Brand New* habe ich eine solche Ausnahmeerscheinung wiedergetroffen: Ernst Prost, den Inhaber von Liqui Moly in Ulm. Der Mann ist Chef von 400 Leuten, die Motoröle, Schmierstoffe und Additive herstellen. In Deutschland! Heutzutage! Profitabel! Herr Prost erzählt beim Mittagessen, wie er vom Kfz-Mechaniker nach ganz oben aufstieg und dabei eine neue Kultur einführte: Das Unternehmen als »Familie«, in der die Beschäftigten »Mitunternehmer« sind. Außerdem hat er die Ernst Prost Stiftung gegründet, die unverschuldet in Not geratene Menschen unterstützt und seinen Vorsatz wahrmacht, nicht nur die Welt seiner Mitunternehmer, sondern auch die von Menschen, die nicht so viel Glück im Leben haben wie er, ein bisschen besser zu machen. Er macht acht Wochen Urlaub im Jahr, mit seiner Freundin und ohne Handy und Mail. Und freie Tage sind bei ihm wirklich frei. Da fahren sie Fahrrad, einfach von zu Hause aus los. Sein Vermögen wird er zum Schluss in eine Stiftung einbringen, die sein Sohn dann führen will. Das Versprechen, dass er von dem Geld nichts haben will, hat er ihm schon abgenommen. Und ich nehme Herrn Prost ab, dass er das Four Seasons Hotel in New York tatsächlich nicht vermisst, das Zweitbüro daheim auch nicht. Er hat seine Balance gefunden. Vorbildlich, auch für die Mitarbeiter und die Gesellschaft. (Das war mit ausschlaggebend dafür, dass Ernst Prost von der Jury der Best Human Brands Awards zur Best Male Human Brand 2011 gewählt wurde.)

Also: Wenn Sie nicht ohne Computer können, Tag und Nacht an Motherboards, CPUs und BIOS-Chips herumschrauben und die neuesten Plug-ins herunterladen – nur zu! Mit der bürgerlichen Familie – abends um 19 Uhr wird gegessen – wird es dann eher nicht klappen. Und es wird Sie nicht wundern. Wenn Sie aber jemand sind, der jeden Tag zwei Stunden Bewegung braucht wie die Luft zum Atmen, nutzen Sie die Mittagspause dafür – und nicht zum Networken am Tofu-Schalter der Betriebskantine. Oder es ist der gar nicht mehr so versteckte Hinweis auf Ihre wahre Berufung: Mein Kollege Slatco Sterzenbach gibt sich mit ein bisschen Bewegung inmitten einer »sitzenden Tätigkeit« gar nicht erst ab. Wie sollte er auch, nach Hochleistungssport und mehreren Ironman? Stattdessen steht er auf der Bühne und bewegt sich und andere mit seinem Fokus »Der perfekte Tag«. Sein Bewegungsdrang ist sein Beruf.

Sobald Sie Ihren Fokus kennen, wird daraus folgend einiges klar: Soll ich in eine andere Stadt ziehen, nur wegen meines neuen Freundes? Soll ich in der Stadt bleiben oder aufs Land ziehen, nur weil ich so gern die richtige Natur spüre? Soll ich den neuen Job 400 Kilometer entfernt annehmen und dann pendeln, nur weil ich dann endlich Führungskraftebene II bin? Oder, wie Fischli und Weiss es sagen: »Soll ich mich gehen lassen?«[18] Fragen über Fragen, und die Antwort weiß ganz allein der Wind … Oder Sie, wenn Sie wissen, wofür Sie sterben würden!

Da kommt mir die treffendere Überschrift für dieses Kapitel in den Sinn: Finde heraus, wofür du *lebst!*

MERKE

- Bleiben Sie bei Ihren Leisten wie der Schuster und konzentrieren Sie sich auf das, was wirklich *Ihr Ding* ist!
- Bauen Sie Ihr Ding aus, wenn Sie mehr wollen. Aber leiern Sie bloß nicht weitere Dinger an.
- Machen Sie sich bewusst, dass alles seinen Preis hat: Viel arbeiten bringt hoffentlich viel Geld, muss aber auch bezahlt werden – oft mit wenig Privatleben und Familie.
- Denken Sie an Herrn Prost von Liqui Moly: Ein anspruchsvoller Job kann mit einem erfüllten Privatleben verknüpft sein.
- Ihr klarer Fokus sagt Ihnen in Entscheidungszeiten, wohin die Reise führt.

MEINE DREI GEDANKEN

____

____

____

AKTION

Drucken Sie das Arbeitsblatt 7 »Antrieb im Job« aus. Finden Sie heraus, weshalb Sie Ihre Arbeit machen – heute, als Ist-Feststellung:

- Ist es ganz einfach die Freude, die ich daran habe?
- Oder ist es doch eher mein Streben nach Anerkennung?
- Oder ...

Zum Schluss bleibt Ihr Hauptantrieb im Job übrig, alle anderen Möglichkeiten sind nebensächlich. Dieser Antrieb ist mit ausschlaggebend dafür, wie Sie in Zukunft – auf der Basis Ihrer Markenpersönlichkeit – Ihre Aktivitäten gewichten.

Erfolgsfaktor 2 – Wettbewerb: Achte auf deine Konkurrenten!

Solange Sie nicht Einstein oder Picasso sind, gibt es immer jemanden, der mindestens genauso gut ist wie Sie. Und zwar nachprüfbar genauso wie gefühlt. Nachprüfbar besser ist die Elisabeth aus der Nachbarabteilung: Sie macht einfach weniger Fehler beim Verkaufen, wenn sie das Datenblatt ausfüllt. Das merken dann die Kollegen von der Erfassung, wenn sie bei Ihnen öfter als bei Elisabeth nachfragen müssen. Dann merkt es der Abteilungsleiter bei der Monatsauswertung für alle seine Verkäufer, dann der Vertriebschef und irgendwann auch der Chefchef. Auweh, wenn dann mal wieder eine Abteilungsleiterstelle frei wird. Für Sie wird es nicht reichen, denken Sie …

Der Christian ist auch nachprüfbar besser, freitags beim Bogenschießen in der Halle. Er ist einfach der Beste, das kann man ja sehen, wenn ganz zum Schluss auf der großen Schiefertafel ein Strich drunter kommt und alles zusammengezählt wird. Beim Jahresschießen vor dem großen Publikum, Ihre Frau und die Kinder sind auch da, kriegen Sie nur den kleinen Pokal, den alle kriegen. Na ja, dabei sein ist schließlich alles. Aber der Christian kriegt regelmäßig den großen, den mit Kranz und Eichenlaub. Ein bisschen fuchst Sie das schon, da beißt die Maus keinen Faden ab.

Erkennen Sie sich wieder? Da geben Sie sich alle Mühe, und es reicht wieder und wieder nicht fürs Treppchen! Erst kommt der Ärger, dann kommt der Neid, dann kommt dieses konstruierte Mirdoch-egal-wen-juckt's-schon?! Sie juckt es, und zwar ganz gehörig! Ob Sie nun Vertriebler oder Statiker (der Kollege aus dem Nachbardorf kriegt schon wieder den Auftrag für den Kindergarten) oder Obsthändler (die alte Frau Dr. Krause kauft ihre Birnen immer beim Schlüter am anderen Ende der Fußgängerzone) sind; ob Sie Bogenschießen oder Rhönradturnen am liebsten machen: Es ärgert Sie immer ein klein wenig, wenn die anderen besser sind, habe ich recht?

Wo kämen wir denn da hin, wenn es keine Konkurrenten gäbe! Übrigens gibt es noch ganz andere Begriffe dafür, »Wettbewerber« zum Beispiel. Noch schöner, und von mir bereits jetzt zum Marketingunwort dieses Jahrzehnts gewählt: »Marktbegleiter«. Und noch schöner, und von mir bereits jetzt zum Marketingunwort des nächsten Jahrzehnts gewählt: »Mitbemüher«.

Also, es gibt die nachprüfbar Besseren, und es gibt die gefühlt Besseren. Die Gefühlten sind gefährlicher für unser Selbstwertgefühl und unser Wohlbefinden. Ganz einfach, weil es hier keine rationalen Vergleichskriterien gibt, die es irgendwann auch einmal wieder gut sein lassen und das ewige Denken abstellen. Bei den gefühlt Besseren zermartern wir uns das Hirn und fragen und fragen uns, warum dem anderen alles gelingt und uns gar nichts. Warum der Vater vom Benny tatsächlich den Vorsitz im Förderverein vom Kinderhort bekommt. Liegt es tatsächlich nur daran, dass er immer viel kräftiger anpackt, wenn der neue Sand für den Spielplatz kommt? Oder gibt es da im Hintergrund Ränkespiele, von denen Sie gar nichts wissen? Hat die Kirchengemeinde mit dem Vater vom Benny auf einmal eine veritable Intrige gegen Sie gesponnen und all die anderen wahlberechtigten Muttis und Vatis infiltriert, und Sie stehen jetzt da wie der letzte Depp? Da fängt sie dann nirgendwo mehr an und hört nirgendwo mehr auf, die Kopfzermarterei, Neid und Missgunst gedeihen formidabel, und spätestens hier kommt dann Paul Watzlawick ins Spiel mit der Geschichte von dem Mann, der bei seinem Nachbarn einen Hammer borgen möchte, aber der Nachbar will ihm den Hammer doch ganz bestimmt nicht geben, der alte Sack, und der Mann klingelt schließlich drüben. Als der Nachbar öffnet, brüllt der Mann nur noch: »Behalten Sie sich Ihren Hammer, Sie Rüpel!«[19]

Wer weiß: Vielleicht ist der Vater vom Benny ja nur von seiner Frau zu diesem Job überredet worden, um den Meiers, die immer diese herausgeputzten vorbildlichen Zwillinge haben und sich beide auch beworben haben, ordentlich eins auszuwischen? Jetzt steht er da mit der großen Schippe, am Samstagmorgen in aller Frühe, wenn der Sandgrubenbesitzer mit dem riesigen LKW voller Sand kommt. Und er steht da ganz allein, weil es bei den anderen, die alle auch kommen wollten, gestern bei der Fördervereinsbenefiztombola doch ein bisschen später geworden ist. Was können Sie froh sein, dass Sie sich heute früh, wo es doch so erbärmlich regnet, auch noch mal in Ihrem warmen Bett herumdrehen dürfen. Aha, so langsam macht dieses Thema wieder Platz für die anderen Köstlichkeiten dieses Lebens, Kopfzermartereien gibt es ohne Ende, das ist gewiss!

Jedoch: Es gibt gefühlte Konkurrenz, die tut richtig weh, und da sind auch viele Gedanken daran alles andere als verschwendet. Ich erlebe es oft in den ersten Berufsjahren, wenn da andere sind, die ihr Ding mit viel weniger Kraft machen, als ich es tue. Die haben dann immer noch die Kapazitäten dafür, am Kaffeeautomaten mit der Personalerin zu ratschen, ihren Hobbys nachzugehen und alle ihre Urlaubstage zu nehmen (was in der Werbung nicht selbstverständlich ist). Mir bleibt zu robotern wie ein Roboter, immer schön voll konzentriert bei der Sache, nicht links und nicht rechts schauen, joggen nur noch einmal die Woche und ins Theater höchstens reinrauschen schon beim dritten Klingeln.

Dann gibt es da noch die schönste aller Konkurrenzen: Mann trifft Frau, Frau trifft Mann. Jedoch – treffen sie auch einander? Mitten ins Herz? Ich weiß noch sehr gut, wie ausgerechnet mein Busenfreund Oliver mir die örtliche Juwelierstochter vor der Nase wegschnappte. Zumindest ist es gefühlt so, im Herzen der Juwelierstochter belegte Oliver im Rennen um ihre Gunst den ersten Platz sicherlich mit großem Abstand. Das Feld der Bewerber war aber auch übergroß und die Konkurrenz deshalb nicht minder. Doch ich wollte sie auch, und alle Worte des Trostes nutzten nichts. Kann Leiden schön sein!

Meiner langjährigen Freundin sprang ich dann ohne ausgemachte Mitbewerber ins Herz, einfach so, ohne jahrelanges Scharren am Rosengarten, eigentlich wollten wir nur etwas trinken gehen. Im Lauf der Zeit lernte ich dann an ihrem Studienort meine ganzen Konkurrenten kennen, aber das Rennen war schon gelaufen. Ich war der Sieger, was sollten die mir alle schon ausmachen?

Es kommt darauf an, mit wem Sie sich vergleichen. Mit wem Sie sich vergleichen sollten. Bei wem Sie neidlos (oder auch neidvoll) anerkennen, dass er/sie einfach besser ist. Und wen Sie guten Gewissens einfach ziehen lassen mit all seiner Intelligenz, seinem Geschwätz, seinem Schneller, Höher, Weiter. Der kriegt keinen Platz in Ihrem Hirn, weder in der linken noch in der rechten Hälfte!

Hier kommt ins Spiel, dass Sie nicht nur Ihre Schwächen haben. Sondern Sie haben vor allen Dingen Ihre Stärken, und die sind, Hand aufs Herz, auch nicht von schlechten Eltern. Schreiben Sie sie auf! Im Verlauf Ihres Human Brandings wird Ihre Situation viel griffiger, Ihr wahrer Antrieb und Ihre wahren Ziele werden es auch. Wenn Sie dann Ihre großen Ziele auf weniger monströse und gut handhabbare Teilziele herunterbrechen, werden Sie sehen, welche Stärken ganz besonders gut zum Tragen kommen. Welche Ihrer Schwächen gar nicht so erheblich sind, sondern, ganz im Gegenteil, Sie ganz besonders weich und spürbar machen. Welche Stärken Sie ausbauen möchten und welche Schwächen abmildern. Das ist deshalb so wichtig, weil jeder Mensch nur ein begrenztes Budget dafür hat, über sich nachzudenken und seine Fähigkeiten zu verbessern, zeitlich wie monetär.

Wie eingangs geschildert, geht es bei Human Branding vor allem darum, ein verlässliches Gespür dafür zu entwickeln, in welchen Bereichen Sie guten Gewissens einfach so bleiben dürfen wie Sie sind und in welchen Bereichen eine Justierung und Nachschärfung sinnvoll ist. Weniger ist mehr, hier auch, und es ist in der Regel zielführender und kraftsparender, wenn Sie vor allem Ihre Stärken stärken anstatt Ihre Schwächen zu schwächen.

Einmal hatte ein Seminarteilnehmer einen ordentlichen Sprachfehler, etwas zwischen Lispeln und Verschlucken von Endungen. Der Mann war Ende 30, glücklicher Ehemann und erfolgreicher freiberuflicher Unternehmensberater im Prozessmanagement. Bei der Arbeit an seiner Human Brand kam die Frage auf, ob er einmal ein Sprachtraining machen sollte. Wir alle kamen schnell zu dem Schluss, dass das bei diesem Menschen grundfalsch wäre. Schließlich hatte er erstens das Werben um die Dame seines Herzens gewonnen, zweitens ordentlich Aufträge und drittens war sein Sprachfehler ganz starker Ausdruck seiner Persönlichkeit. Was würde da an Persönlichkeit fehlen, wenn er plötzlich rüberkäme wie in der Tagesschau. Identitätsverlust! Ein an sich lästiger oder sogar gemeiner Sprachfehler kann ein wunderbarer Anker sein (siehe hierzu »Erfolgsfaktor 7 – Wiedererkennung«, Seite 154 ff.), und hier war er es.

In diesem Kapitel geht es um unsere Wettbewerber, und ich schreibe von Stärken und Schwächen und davon, dass es im Grunde keine Wettbewerber gibt. Es gibt nur die, die wir dazu machen! Die die Ehre haben, unsere Wettbewerber sein zu dürfen! Wenn Sie diese Ehre nur ganz wenigen Menschen zuteil werden lassen, erscheint das garstige Wort auf einmal in einem viel rosigeren Licht. Die Flut an Marktbegleitern ebbt ab, Speicherplatz im Hirn wird freigeräumt für wichtigere Dinge.

Schreiben Sie einmal Ihre beruflichen und privaten Wettbewerber auf. Aber: nicht mehr als fünf! Und es kommt vor allem auf Ihre gute Begründung an; »heiße Luft« gilt nicht. Wenn Ihnen kein respektabler Grund einfällt, streichen Sie diesen Wettbewerber von Ihrer Liste. So wird Ihre Konkurrenzsituation fassbar, und Sie haben ein wichtiges Indiz dafür, welche Stärken es sich zu stärken lohnt und welche Schwächen sie als wertvollen Teil Ihrer Persönlichkeit schätzen lernen können. Genau wie mein Trainingsteilnehmer seinen Sprachfehler.

Haben wir uns erst einmal mit der Erkenntnis abgefunden, dass wir weder Einstein noch Picasso sind, geschieht etwas Erstaunliches: Die Erkenntnis spornt an, erst zum Nachdenken, dann wird sie zur Überzeugung. Konkurrenz belebt das Geschäft, in der Tat, auch unser Geschäft, das schlicht und ergreifend das Leben ist.

Weil der Bienenfleißigste eben meist nicht gewinnt, geht es darum, Ihre ganz eigenen und ganz besonderen Fähigkeiten auf den Punkt zu bringen, sie attraktiv zu verpacken und nutzbringend zu untermauern.

Das müssen die Marketingleute erfolgreicher Produkte auch fortwährend tun. Sie nutzen dafür so kryptische Instrumente wie Markt- und Trendforschung, soziale Milieus, Fokusgruppen und Testmärkte. Wir machen es hier menschlicher und nutzen, entsprechend sensibilisiert, den gesunden Menschenverstand.

Wer will schon beurteilen, ob Milka oder Ritter Sport die bessere Schokolade ist? Wahrscheinlich gibt es gar keine nennenswerten Unterschiede, und doch wissen die beiden Hersteller ganz genau, was und wie der andere ist. Darauf stimmen sie ihre Strategie ab: Milka hat den zarten Schmelz und die leckere Alpenmilch, Ritter Sport hat die knackigen Zutaten und die verrückten Sorten. Das differenziert, und jeder hat seine eingeschworenen Fans – und einen Wettbewerber, der ihn anspornt. Ernst Prost von Liqui Moly hat es mit seinem so glaubwürdig nachhaltigen und menschenfokussierten Ansatz der Unternehmensführung zum Marktführer in Deutschland gebracht. Die großen anonymen Konzerne von der Konkurrenz bieten bloß Öle, Schmierstoffe und Additive an, die irgendwo herkommen. Aber Liqui Moly macht seine Produkte nur in Deutschland, und dabei hat die Firma immer etwas Persönliches, ein klar erkennbares Gesicht. Besonders froh ist Herr Prost darüber, dass er starke Konkurrenz hat: Das spornt an, immer noch ein Stückchen besser zu werden, und es bewahrt vor dem Bräsigwerden.

Wer will schon beurteilen, ob Barack Obama wirklich der bessere amerikanische Präsident ist? Vermutlich wäre Frau Clinton genauso gut wie Herr Obama, vielleicht sogar besser, wie viele andere schlaue Köpfe auch, wer will das schon messen? Während des Rennens um den Präsidentschaftskandidaten der Demokratischen Partei machten sie beide nach allen Regeln der Kunst das Beste daraus, jeder für sich. Sie entwickelten Strategien und intrigierten, polemisierten und argumentierten, verdichteten ihre Stärken auf die »Espresso-Essenz«, attraktiv verpackt und ausgelebt. Aber Hillary Clinton vernachlässigte etwas Entscheidendes: die Analyse ihres Wettbewerbers. So richtig traute sie Obama nicht zu, dass er ihr ernsthaft gefährlich werde. Immerhin war sie die Frau von Bill, und es gab noch nie einen farbigen Präsidenten. Schließlich überholte Obama sie auf der rechten Spur, ungebremst, und zwar derart rasant, dass es sich für sie anfühlte, als ob sie rückwärtsfahre.

Denken Sie an solche Beispiele, wenn es um Ihr eigenes Umfeld geht. Und machen Sie Ihre Wettbewerberanalyse auf eine Art und Weise, die gleichzeitig professionell ist und Ihrer Persönlichkeit entspricht. Wenn Sie dann auch Ihren ärgsten Wettbewerber aus dem Feld schlagen und hinterher wie Barack Obama die Größe besitzen, ihn in Ihrem ganz persönlichen Kabinett zum Außenminister zu machen (Obama hat das mit Hillary Clinton getan), dann wird ganz besonders deutlich, wie gut für uns alle und markenbildend es für Sie ist, dass es Konkurrenz gibt.

Hier kümmern Sie sich um die rechte Ecke in Ihrem starken Markendreieck. Es lohnt sich, zu wissen, mit wem man es zu tun hat!

MERKE

- Es geht nicht darum, konkurrenzlos zu sein. Ganz im Gegenteil: Heißen Sie Ihre Konkurrenten willkommen!
- Es ist wichtig, dass Sie Ihre wirklichen Konkurrenten kennen und sie wirklich einschätzen können.
- Wer seine Konkurrenten kennt, kann seine Vorzüge klar herausarbeiten und für alle anderen spürbar machen.
- Stärken Sie Ihre Stärken, anstatt Ihre Schwächen zu schwächen.
- Eine vermeintliche Schwäche kann, richtig zum Leben erweckt, ein wunderbarer starker Bestandteil Ihrer Markenpersönlichkeit sein.

MEINE DREI GEDANKEN

___

___

___

AKTION

1. Drucken Sie das Arbeitsblatt 8 »Meine Stärken« aus. Überlegen Sie zehn Stärken, die Sie heute schon haben. Solche, die wirklich Ihre sind und kein »Wischiwaschi«, wie in Kapitel »Was Ihre starke Marke leistet« beschrieben. Sie können gern etwas selbstherrlich und arrogant sein – Ihre Marke sieht ja sonst keiner! Aber: Wieder geht es ums Eindampfen: Umkringeln Sie die wichtigsten drei Stärken. Sie sind für die Markenentwicklung besonders ausschlaggebend. Die anderen sind nachrangig.
2. Drucken Sie das Arbeitsblatt 9 »Meine Konkurrenten« aus und schreiben Sie – Stand heute – Ihre fünf Hauptwettbewerber im Beruf auf; in der Firma, in Ihrer Abteilung genauso wie in Ihrem Umfeld, wenn Sie Freiberufler sind.

- Welche griffigen Argumente habe ich dafür, dass sie tatsächlich Konkurrenten sind?
- Oder glaube ich das nur?

Tun Sie das Gleiche mit Ihren Wettbewerbern im Privatleben – Familie und Verwandtschaft, Freunde und Bekannte, Verein und Partei ...

- Was machen die anders als ich?
- Was machen die cleverer als ich?
- Was machen die besser als ich?

Das ist wichtig, um zu wissen, wer hier überhaupt die Messlatte anlegt, die es in Zukunft zu überspringen gilt (siehe rechte Markenecke im Markendreieck).

Erfolgsfaktor 3 – Einzigartigkeit: Entscheide, ob du in der Hand schmilzt oder im Mund!

Natürlich sind Sie in biologischer Hinsicht einzigartig, wie jeder Mensch auf der Welt. Das möge lange so bleiben, das Klonen Sie verschonen. Wenn wir uns nun der linken Ecke in Ihrem starken Markendreieck – Ihrem Herausstellungsmerkmal – zuwenden, wird diese Einzigartigkeit noch einmal zugespitzt, noch einmal anders interpretiert und verstanden. Hier geht es um zwei Besonderheiten:

- was Sie eindeutig, fühlbar und erlebbar von den anderen Menschen abhebt
- was diese Menschen dazu anregt, sich näher für Sie zu interessieren, sich mit Ihnen zu umgeben, Ihren Rat einzuholen, Sie einzustellen …

Es ist nicht leicht, diese Ihre Herausstellung herauszuarbeiten, wenn Sie eben nicht so einzigartig sind wie der Reißverschluss, die tesa Powerstrips oder die Büroklammer. Das sind gute Vorbilder auf der Suche nach der eigenen Herausstellung, noch besser sind echte Menschen wie Paavo Nurmi, Ulrike Meyfarth, Mahatma Gandhi oder Dr. Eckart von Hirschhausen. Oder ganz andere: Hier geht es darum, welche Menschen ganz speziell für Sie Vorreiter sind! Und damit Ihre Erlaubnisgeber dafür, auch einmal um die Ecke zu denken, sich auf Ihre ganz besondere Eigenschaft oder Ihre ganz besondere Fertigkeit zu konzentrieren und genau hinzuschauen, was dazu beiträgt, dass Sie ganz besonders sind – so einzigartig wie kein zweiter Mensch.

Überlegen Sie einmal, wer in Ihrem Umfeld Ihr Vorbild ist – und warum. In der Regel sind das keine Goldmedaillengewinner, Bestsellerautoren und Sinnstifter; erst recht keine Rekordhalter im Nasezuhalten wie im Guinness-Buch der Rekorde. Vielmehr sind es die Vorausgeher des Alltags, die Ihnen vielleicht aus zunächst einmal unerfindlichen Gründen in den Sinn kommen. Es kann gut sein, dass diese Gründe bei näherem Hindenken aber ganz erfindlich sind. Um festzustellen, was diese Vorausgeher ausmacht, warum sie dieses gewisse Etwas haben und wie es greifbar zu machen ist, schreiben Sie sich die griffigsten Vorbild-Attribute am besten auf. Hüten Sie sich dabei vor Allgemeinplätzen wie mutig, geduldig, stark ... Machen Sie es spitzer, konkreter! Es gibt tatsächlich kraftvollere Worte, zum Beispiel liebevoll, selbstlos, überzeugend, kollegial, fair, freundschaftlich, humorvoll ... Ich bin überzeugt: Mit der Zeit lichten sich die Nebel, und Sie erkennen sehr wohl, weshalb Sie oftmals daran denken, so sein zu wollen wie der Gerd oder die Paula, wie Ihr Chorleiter Herr Melchior oder wie Frau Dr. Stinnes aus der Revision.

Nicht jeder hat einen absolut eigenständigen USP wie eben der Reißverschluss. Oder wie die Bionade. Die Limonade wird als weltweit einzige hergestellt wie Bier. Damit hat die Firma aus der Rhön die Lizenz zum Gelddrucken. Weil wir es irgendwie gut finden, wie die Bionade schmeckt, genauso wie die Geschichte drum herum: Sie stammt von einer kleinen Brauerei, die eigentlich so gut wie pleite war. Die hat es jetzt geschafft und zeigt den Großen auf dem Markt, allen voran Coca-Cola und Pepsi, was eine Marke ist. Dann ist die Bionade auch noch biologisch, zudem echt gebraut! Das ist eigentlich völlig unerheblich, dann wieder auch nicht: »Gebraut« tönt irgendwie gut, viel besser als »gerührt« oder »gemixt«: Wir haben das Bild von Bier im Kopf, frisch gebraut und frisch gezapft. Bier ist in der Herstellung viel teurer als Softdrinks und, so interpretieren wir das Reinheitsgebot, irgendwie auch bio, zumindest in Deutschland.

Verlassen Sie sich nicht darauf, ein ähnlich grandioses Herausstellungsmerkmal zu finden. Es sei denn, Sie sind George Clooney. Welche Herausstellung der wohl hat? Er ist – meine jungen Kolleginnen in der Firma sagen, er war – the sexiest man alive. Eine natürliche Herausstellung, die unser Schönheitsideal ihm zugesteht. Deshalb wird er für Hollywood-Filme gebucht, verdient viel Geld und macht die Damen froh. Oder Sie sind Mike Krüger. Der mit der Nase. Seine Herausstellung ist genau die. Auch eine ganz natürliche, die unsere Neugierde für aus der Norm geratene Körperteile ihm zugesteht.Seine Nase ist sein Kapital, seine Lebensgrundlage. Er hat es erkannt und macht verdammt viel daraus.

Hier meine Herausstellungen für George Clooney und Mike Krüger (sie sind übrigens keine Mandaten von mir):

George Clooney: »Ich habe das Aussehen, das in idealer Weise dem zeitgemäßen Schönheitsideal der westlichen Frauenwelt genauso wie der Celebrity-Presse entspricht. Es korrespondiert mit meiner weltmännischen Attitüde auf der Augenhöhe meiner Fans und mit meinem verschmitzten Charme. Diese Mischung macht mich unwiderstehlich, im Kino wie in der Werbung.«

Mike Krüger: »Ich bin Durchschnitt. Ich habe ein sonniges Gemüt und mache mir nicht allzu viele Gedanken. Die Gedanken, die ich mir mache, sind lustig: Ich erzähle Geschichten und unterhalte die Leute. Plakatives Markenzeichen dafür ist meine Nase. Wo sie auftaucht, ist Mike Krüger.«

Viel wahrscheinlicher als bei den beiden Genannten ist, dass Sie normal schön sind (aber der schönste Mensch auf Erden für Ihren Partner!) und dass Sie eine normal große Nase haben (aus Ihrer Sicht eher zu klein oder zu groß). Vermutlich können Sie sich nicht selbst auf die linke Pobacke küssen (dann wären Sie im Guinness-Buch der Rekorde oder der Top Act bei den »Begnadeten Körpern« oder beides), und Sie sind auch nicht der schnellste Rückwärtssprecher weit und breit wie Bernhard Wolff vom Think Theatre. Wie bereits beschrieben, geht es dann vielmehr darum, Ihre Herausstellung wohlüberlegt zu definieren und auch ein Stück weit zu kreieren. Ich verspreche Ihnen: Auch Sie haben ein starkes, unverwechselbares Herausstellungsmerkmal als elementare Zutat Ihrer starken Marke. Aller Wahrscheinlichkeit nach ist es bereits gut ausgeprägt und entfaltet durchaus seine Wirkung. Sie sollten sich nur die Mühe machen, es herauszukristallisieren, als solches zu erkennen, es auf den Punkt zu bringen und – sehr erlaubt! – geplant und nutzbringend einzusetzen.

Ich denke an Bob Geldof: Ihn erlebte ich beim Internationalen Alpensymposium in Interlaken, das Oliver Stoldt, umtriebiger Unternehmer in der Welt der Hotels und Events und ganz bestimmt eine echte Marke, jedes Jahr im Hotel »Viktoria-Jungfrau« organisiert. Ich werde vielleicht irgendwann vergessen, was Bob Geldof sagte.

Aber ich werde niemals vergessen, *wie* er es sagte. Als ehemaliger Leadsänger der Boomtown Rats war er mir irgendwie bekannt, vor allem aber als der Organisator der Live Aid-Konzerte in den 1980er-Jahren. Dieses Bild hatte sich durchaus in meinem Kopf konkretisiert als das von einem Aktivisten für die benachteiligten Völker Afrikas, der die reichen Industrieländer vom Reden zum Handeln drängt. Der Mann rannte vor vielleicht 500 Zuhörern die Bühne auf und ab, wie die Hasen auf dem Laufband an der Schießbude, die man nicht ins Visier kriegt. Bob Geldof ist der Albtraum für die Fernsehleute und die Fotografen. Er tut genau das nicht, was mir meine Vorbilder unter den Speakern und Trainern immer empfohlen haben zu tun: lieber auf einer Stelle stehen, dem Publikum freundlich und bestimmt zugewandt, bestenfalls gemächlich umhergehen auf der Bühne, aber nicht wie Geldof ständig mit dem nackten Finger auf die angezogenen Leute zeigen.

Bob Geldof ist getrieben von seiner Mission und sprach davon, wie er als Kind in Dún Laoghaire, irgendwo in Irland, nicht einmal Schuhe hatte und wie ihn die Liebe zur Musik schließlich aus dem Elend befreite und es dazu kam, dass er sich heute derart für Afrika engagiert. Dass er nicht locker lassen wird, bis er die Mächtigen der Welt so weit hat, dass sie sich zu ihrer Verantwortung für Afrika bekennen und endlich handeln. Während des Vortrags fiel keine Stecknadel, die Luft vibrierte fast hörbar. Oben auf der Bühne, direkt vor mir, rannte dieser besessene Mensch auf und ab, fuchtelte mit den Händen, sprach immer inbrünstiger, und sein Plädoyer für die Chancenlosen, auf deren Kosten wir alle in diesem tollen Ort in diesem teuren Hotel in diesem schlecht gelüfteten Saal saßen, endete in dem Satz, während er auf die Leute da unten vor ihm zeigte: »You have all the dirty money – give it back!« Kennen Sie das, wenn fünf Sekunden Stille vor dem langen Beifall gefühlt fünf Minuten sind?

Ich denke an Lady Di: Ganz viele Dinge habe ich über sie gelesen (natürlich nur beim Friseur …), von ihr mitbekommen, mir meine Bilder gemacht. Da gab es, glaubt man der bunten Presse, das ein oder andere Detail bei der Dame, was so vorbildhaft und erstrebenswert nicht war. Jedoch, und völlig losgelöst auch von den Geschichten rund um ihren Tod – ich habe heute nur das eine Bild von ihr vor Augen: Lady Di in einem Dorf in Afrika, kniend, mit einem hungernden Baby auf dem Arm. Ein eindringlicheres Bild von Lady Di und ihrer ganzen Einzigartigkeit gibt es nicht.

Welches ist die Herausstellung von Lady Di: »Die Königin der Herzen«? Welche die von Bob Geldof: »Der Afrika-Aktivist«? Irgendwo da wird sie angesiedelt sein. Wie kam es dazu? Ausschlaggebend ist sicherlich ein starker Antrieb, ein tief verankertes Anliegen, aus einer durch Können – vor allem durch Glück und Fügung – erworbenen Rolle mehr zu machen als nur den Rocksänger oder die Prinzgemahlin vom Prinzgemahl. Ausschlaggebend ist vor allem der enorme Fokus auf ein Thema, für das das Herz schlägt (siehe »Erfolgsfaktor 1 – Fokus«, Seite 99 ff.). Und der Umstand, dass diese Alleinstellung uns Umstehende berührt, dass sie uns interessiert und unsere Neugierde weckt. Dass wir mehr wissen wollen und wegen Bob Geldof zum Internationalen Alpensymposium nach Interlaken reisen und wegen Lady Di uns sogar zwischen den Friseurterminen dafür interessieren, was sie tut. Das heißt, diese Menschen haben Relevanz (siehe »Erfolgsfaktor 4 – Relevanz«, Seite 124 ff.).

Spätestens hier wird klar: Beim Human Branding hängt alles mit allem zusammen. Wie in einem Spinnennetz gibt es viele Querverbindungen, hier zwischen den einzelnen Modulen der Marke, und die zentralen Fäden laufen auf den Markenkern zu. Die Grenzen der Erfolgsfaktoren verschwimmen, sie greifen mit kräftigen Widerhaken ineinander und verzahnen sich. Das ist gut so für die starke Marke. In diesem Sinne können Sie hier vor- und zurückblättern, scheinbar Herausgefundenes an Ihrer Markenwand abändern und durchstreichen, Neues ergänzen – bevor oder nachdem Sie Ihre Vorbilder einmal näher auf den Grund für diese Vorbildfunktion beleuchten und sich an Ihre eigene Herausstellung machen. Nur zu, bestimmt ist genug Papier in Ihrem Drucker!

Denken Sie mal wieder an Schokolade: Vielleicht sind M&M's Ihre Lieblingsschokolade. Vielleicht waren es vorher Treets. Eines Tages gab es Treets in dieser gelben, knisternden Tüte nicht mehr, genau wie Bonitos. Die amerikanische Süßwarenfirma Mars hatte sie nun auch in Deutschland vom Markt genommen und wollte uns an die Schokoklicker mit den lustigen Knalltypen gewöhnen. Treets wurden also durch die Erdnuss-M&M's (gelbe Packung) und Bonitos durch die Schokoladen-M&M's (braun) ersetzt. Ein riskantes Unterfangen, schließlich gab es noch andere kleine Schokodinger zum Knabbern: Smarties und Malteser und die ganzen unbekannten Marken von den Discountern, die große Marktanteile hatten. Der Anfang war schwer für M&M's in Deutschland, als sie Mitte der 1980er-Jahre auf den Markt kamen. Das wussten die Marketingleute auch. Deshalb brachten sie den künstlichen USP gleich mit, den sie mit dem wunderbaren Slogan ersonnen hatten: »Melts In Your Mouth, Not In Your Hand«, heißt es in Amerika. »Schmilzt im Mund, nicht in der Hand«. (M&M's wurden ursprünglich entwickelt, damit auch Soldaten Schokolade essen konnten, ohne dass sie in der Hand schmilzt.)

Eigentlich sind M&M's auch bloß aus Zucker und Kalorien. Jedoch: Bei diesem knackigen USP greifen die Mamis und Papis gern zu M&M's, für ihre Kinder wie für sich selbst. Das Geheimnis liegt in der Botschaft der starken Alleinstellung: Aha, schmilzt erst im Mund! Das schafft die Zuckerglasur um die Schokolade, ganz im Gegensatz zum großen Konkurrenten Smarties von Nestlé. Wir haben unsere klebrigen bunten Finger von den immer weicher werdenden Teilen vor Augen …

Ein toller künstlicher USP. Und ein gutes Beispiel dafür, wie ganz normale Schokolade aus der Masse der vielen Produkte hervorsticht. Denken Sie an M&M's, wenn Sie sich um die linke starke Ecke in Ihrem Markendreieck kümmern und Ihre Herausstellung genauso wohlüberlegt kreieren. Natürlich sollte dieser Faktor im engen Zusammenhang mit dem stehen, was er bei Ihren Mitmenschen auslöst, genau wie M&M's in der Quengelzone im Supermarkt. Da geht es um die Relevanz, und wie es um die bei M&M's (und bei Ihnen) bestellt ist, erfahren Sie im nächsten Kapitel.

MERKE

- Genauso wie Ihre Lieblingsprodukte in Ihren Augen etwas ganz Besonderes sind, können Sie das in den Augen Ihrer Mitmenschen sein.
- Fahnden Sie nicht nach einem USP für sich, der wirklich einmalig auf der ganzen Welt ist. Es lohnt die Mühe nicht, weil Sie ihn aller Wahrscheinlichkeit nach nicht finden.
- Stattdessen finden Sie garantiert Ihre Herausstellung. Sie macht Sie bei der Wahrnehmung durch andere einzigartig.
- Ihre Herausstellung ist das starke Zusammenspiel dessen, was Sie Formidables haben und können, mit dem, was Sie daraus machen.
- Ihre Herausstellung verursacht Sogwirkung: Man möchte mehr über Sie erfahren, Sie erleben, Ihnen zuhören, von Ihnen lernen.

MEINE DREI GEDANKEN

____

____

____

AKTION

1. Drucken Sie das Arbeitsblatt 10 »Meine Vorbilder« aus und schreiben Sie hier – aus Ihrer heutigen Sicht – Ihre fünf Hauptvorbilder im Beruf auf. Außerdem die Gründe dafür, warum diese Ihre Vorbilder sind. Das Gleiche tun Sie mit Ihren Vorbildern im Privatleben. Auch hier ist es wichtig zu wissen, wer die Messlatte anlegt, die Sie mit Ihrer Human

Brand überspringen wollen (siehe rechte Markenecke im Markendreieck).

2. Drucken Sie das Arbeitsblatt 11 »Meine Herausstellung« aus und formulieren Sie das, was Sie in zwei Jahren wirklich zu etwas ganz Besonderem macht. Orientierung geben Ihnen die beiden Promi-Beispiele in diesem Kapitel, auch die Beispiele meiner Klienten Jasmin Zorn, Dr. Peer Mertens und Birgit Fegert im Abschlusskapitel. Damit Sie hier ganz wenig schreiben, das ganz viel aussagt, lesen Sie sicherheitshalber noch einmal den Abschnitt über die linke Markenecke im Kapitel »Das Markendreieck.«. Eine wirklich knackige Herausstellung braucht mindestens fünf Anläufe und viele Korrekturen, das ein oder andere Wort wird immer wieder ausgetauscht (auch ich ringe mit meinen Coachees um jedes Wort), und sie braucht das kritische Gespräch mit den zwei oder drei wirklich kritischen Sparringspartnern in Ihrem Umfeld. Die Herausstellung gedeiht mit den anderen Modulen Ihrer Human Brand. Alles wächst und wird gemeinsam knackig und rund und fertig. Nehmen Sie sich dafür die nötige Zeit!

Erfolgsfaktor 4 – Relevanz: Sei den guten Streit wert!

Der Mensch ärgert sich, wenn er kritisiert wird, wenn jemand gar Streit mit ihm sucht. Das steckt in uns allen drin. Seit Kindertagen wollen wir gemocht, gelobt, geliebt werden. Aber kritisiert? Da stellen sich bei uns die Nackenhaare: Was fällt dem ein? Was nimmt der sich heraus? Wir sind derart schnell auf Krawall, dass wir die Botschaft, die in der Kritik steckt, oft überhören. Dabei sollten wir uns hinstellen und rufen: Kritisiert mich, Ihr Umstehenden, aber vergesst die Botschaft nicht! Gebt reichlich, ich habe einen breiten Buckel! Sie ganz allein entscheiden dann, welchen Schuh Sie sich anziehen und was Sie sich davon einfach an den Hut stecken. Vor allem können Sie sich dann sagen: Ich bin es diesem anderen Menschen wert, dass er mich beäugt, einschätzt, kritisiert. Das ist doch wunderbar! Mit welcher Absicht dieser andere Mensch das tut, das steht auf einem ganz anderen Blatt.

Vor lauter Hab-Acht-Stellung vergessen wir schnell zu beachten, dass »Kritik« eine Form wertschätzender Auseinandersetzung mit einer Person oder einem Sachverhalt ist; eine prüfende Beurteilung und Abwägung. Vor allem ist sie alles andere als zwingend negativ, das meinen wir bloß. Vielmehr gibt es positive Kritik (Lob, Anerkennung), negative Kritik (Tadel), besonders konstruktive Kritik, die klar auf die Verbesserung des Zustands abzielt, und das Gegenteil, die destruktive Kritik (zum Beispiel die vernichtende Schmähung). Eigentlich logisch, schließlich steht in einer Theaterkritik meist nicht nur Negatives, sondern ist sie eine eben kritische Auseinandersetzung mit dem Dargebotenen, von Lob über Tadel bis vernichtend; je nach Meinung des Kritikers. Das erfuhr ich auch in meinen Jahren als Fernsehkritiker. Vor allem merkte ich, dass es viel leichter ist, sich aufzuregen und zu beklagen, (dafür haben wir einen viel größeren Wortschatz) als sich anerkennend und bewundernd zu äußern. Rücken Sie auch für sich das Wort Kritik ins rechte Licht: Sie ist positiv wie negativ. Vor allem ist sie das, was Sie daraus machen.

Früher, als Kind, freute ich mich auch immer, wenn ich positiv kritisiert wurde: »Das machst Du gut!«, auch wenn ich die Uhrzeit nur annähernd richtig ablas. »Das ist eine feine Bimmelbahn!«, auch wenn es meine 20. feine Bimmelbahn aus Klopapierrollen war. »Das ist ein prima Zeugnis!«, auch wenn es in »Verhalten« eine Drei vermerkte. Wir brauchen diese Art von Lob, auch wenn sie manchmal über die Maßen schönredet, auch im späteren Leben, bis ans Ende unserer Tage. Sie gehört zur Erziehung, zu unserer Kultur und zu unserem gesellschaftlichen Umgang miteinander.

Wenn ich dann auch mal negativ kritisiert wurde – meine im liebevollen Wortsinne streitbare Mutter nahm mich in der Küche auf den Schoß und wir klärten ein paar Dinge miteinander –, war ich schnell in Hab-Acht-Stellung: Heulen und Zähneklappern, liebt sie mich denn nicht mehr? Sie kennen das sicher auch, solche Bilder brennen sich förmlich ein in den Kopf, ganz zu schweigen von solchen, als wir ohne Nachtisch zu Bett gehen mussten. Später zieht sich das fort, in der Schule, im Freundeskreis, in der Lehre und an der Uni, in der Werkstatt und im Büro. Manchmal könnte man meinen, jeder will etwas von einem, zupft an einem herum, lässt seinen neidischen Frust aus. Stimmt gar nicht! Wir müssen nur erkennen, mit welcher *Absicht* wir kritisiert werden und welche *Botschaft* drinsteckt.

Wertvolle Kritik ist abgewogen zwischen Lob und Tadel, weil es beides in reiner Form nicht gibt. Licht und Schatten zeichnen nur in ihrem Wechselspiel ein lebendiges Bild. Dann erkennen wir die Schüsseln auf dem Kritik-Büfett, aus denen wir uns gern bedienen. Und zwar nicht nur die süßen Dickmacher (voller Lob und Balsam für die geschundene Seele), sondern vor allem auch die herzhaften Vitaminbomben (schmecken nicht so toll wie die Dickmacher, sind aber essbar und spenden Kraft und Energie). Den Rest, die vielen Platten mit den ganzen kraft- und geschmacksleeren Belanglosigkeiten, lassen wir liegen.

Das Beste am Kritisiertwerden, wertvoll, substanziell, ganz ohne Stink und Stiefel, wie bei mir mit meiner Mutter: das Gefühl, dem anderen liegt etwas an Ihnen. Sie haben etwas an sich, was er auch gern hätte. Er bewirbt sich um Ihre Gunst. Am wichtigsten: Sie sind ihm nicht egal. Ist das nicht toll? Ich finde es schade, wenn jemand »Ist mir egal« antwortet, wenn er zwischen zwei Restaurants auswählen darf, zwischen zwei tollen Kleidern und den Urlaubszielen in der engeren Wahl. »Helgoland oder Graubünden? Mir egal!« Der denkt vielleicht auch »Mir doch egal«, wenn beim Nachbarn eingebrochen wurde. Und wenn Sie ihm begegnen, drückt er wieder auf den Egal-Knopf. Sie sind Luft für ihn, beliebig, kein Thema. Bei Menschen, die Ihnen nicht nahestehen, mag das in Ordnung sein. Aber doch nicht bei den Menschen, an denen Ihnen etwas liegt! Das sind Ihr Partner und Ihre Kinder, die guten Freunde und die Lieblingskollegen. Wenn die auch auf den Egal-Knopf drücken, kaum dass Sie um die Ecke biegen, wird es langsam eng.

Sehen Sie das gelegentlich auch so, wenn Ihr Vorgesetzter Sie zum Gespräch bittet und sich eine halbe Stunde von dem prall gefüllten Arbeitstag dafür Zeit nimmt? Ist es ein Mensch, auf dessen Meinung Sie bauen können, sagt er Ihnen klar und deutlich, was er denkt. Er kritisiert Sie positiv und negativ. Er macht seine Kritik an Beispielen und Vorfällen fest. Er fragt Sie nach Ihrer Ansicht. Er vereinbart mit Ihnen ganz konkrete Maßnahmen, um das Positive auszubauen und das Negative zu ändern. Dieser Mensch interessiert sich für Sie, Ihr Wesen, Ihre Meinung, Ihre Anwesenheit; über den Umstand hinaus, dass er sich Ihre Leistungskraft zunutze macht, um den Profit des Unternehmens zu steigern. Hinspüren und erkennen, was da wirklich los ist, kann sich lohnen!

Oder Ihre beste Freundin kommt extra vorbei und bittet Sie um einen gemeinsamen Kaffee gegenüber im Bistro. Seit jeher sind Sie Busenfreunde, gehen durch dick und dünn. Aber heute will Ihre Freundin die Laus freilassen, die ihr über die Leber gelaufen ist: Sie wäscht Ihnen so richtig den Kopf, fragt Sie, was wohl letzten Samstag in Sie gefahren ist, als Sie »das« zur Karin gesagt haben. Vor allen Leuten! So betrunken können Sie doch gar nicht gewesen sein! Jetzt haben Sie die Wahl: entweder aufspringen und rausstürmen, ohne zu zahlen, daheim das Telefon ausstecken, Schmollmund aufblasen und die Sache aussitzen. Wird sich schon wieder einrenken! Oder, auch wenn es schwerfällt, die Ohren spitzen und erkennen: Die andere hat sich Gedanken gemacht und nimmt sich Zeit für ein schwieriges Gespräch mit mir. Wow! Müsste sie ja nicht! Ihr scheint etwas an mir zu liegen! Vorausgesetzt, das Gespräch ist auch hier wertschätzend und konstruktiv, könnten Sie dieser Frau den guten Streit wert sein. Sie haben etwas zu bieten, eine Anziehungskraft, üben eine gewisse Faszination aus, sind sogar abseits Ihres Ausrutschers in Karins Fettnäpfchen ein Vorbild für sie.

Wenn Sie einen bleibenden Eindruck hinterlassen, positiv wie negativ, haben Sie das, was Marketingleute als »Relevanz« bezeichnen. Sie interessieren, Sie gehen andere etwas an. Die Ecke mit der Relevanz steht oben in Ihrem starken Markendreieck. Wir haben eingangs bereits gesehen, dass eine Marke vor allem dann Relevanz hat, wenn sie polarisiert, Ecken und Kanten hat. Das gilt auch für Ihre

Human Brand. Dann sind die Angriffsflächen für »ganz nett« und »mir doch egal« viel kleiner, und Ihre Mitmenschen haben eine klare Meinung von Ihnen, die genauso profiliert ist wie Ihre Marke. Ob diese Meinung positiv oder negativ ist, hängt von sehr vielen Variablen ab, vor allem von den Human Branding Erfolgsfaktoren.

Ist ein Produkt kritikfähig, hat es Relevanz. Diese Relevanz wird im Marketing gemeinhin gleichgesetzt mit seinem Nutzen: Welchen Nutzen hat das Produkt, das da zwischen all den anderen zunächst einmal völlig gleichen Produkten liegt, steht, fährt? Die Tafel Schokolade, der Staubsauger, das Automobil? Außerdem die Produkte, die wir bei der Einführung des Markendreiecks betrachtet haben: Reißverschluss, Klettverschluss, Rad, tesa Powerstrips, Büroklammer? Ihr Nutzen macht sie kritikwürdig, wir finden sie gut oder schlecht. Es wird wenige Menschen geben, die zu diesen Produkten so gar keine Meinung haben, denen sie egal sind.

»Nutzen« klingt beim Menschen despektierlich. Deshalb ist es besser, hier von Ihrem Nutzen für Ihr Umfeld zu sprechen, und zwar im Sinne Ihres Beitrags zur Gesellschaft. Je klarer fokussiert Sie sind, schärfer abgegrenzt von Ihren Wettbewerbern, spitzer herausgestellt, desto schärfer sind Sie positioniert und wird Ihr Gesellschaftsbeitrag lebbar und erlebbar.

Es gibt Menschen wie Produkte, die uns einerlei sind. Vielen von uns geht es so bei den Dschungelcamp- und den Container-Bewohnern im Fernsehen. Bei der beheizbaren Augenmaske, die man an den USB-Anschluss am Computer anschließt. Beim Dreckspray aus der Dose für Geländewagenbesitzer, die es am Wochenende nicht in den Steinbruch geschafft haben. Solches Zeug kaufen wir nicht, solchen Menschen hören wir nicht zu. M&M's dagegen, die im Mund schmelzen und nicht in der Hand, haben Relevanz. Da greifen auch die Deutschen gerne zu, weil – Achtung, Nutzen! – alle Eltern gern die Gewissheit haben, dass die Kleinen das Zeug gerne naschen und dann endlich Ruhe geben und, viel wichtiger, sie beim Naschen und beim Ruhegeben nicht die Polster versauen.

Der Gesellschaftsbeitrag von George Clooney? Schwer zu sagen. Vermutlich könnte man hierüber einen veritablen Stammtischstreit anzetteln. Der würde ganz unterschiedlich verlaufen, je nachdem, ob er an einem Frauen- oder an einem Männerstammtisch ausgetragen wird. Hier mein Gesellschaftsbeitrag für George Clooney. Er basiert auf seiner Herausstellung:

»Ich spiele mit meiner Ausstrahlung und nehme mich nicht zu ernst. Ich sorge dafür, dass Frauen besser träumen und Männer ein Vorbild haben. Ich gebe Stoff für schöne Gedanken und märchenhafte Geschichten und damit den Menschen eine emotionale Heimat in schwieriger Zeit. Ich bin großes Kino!«

Versuchen Sie es auch einmal mit dem Arbeitsblatt »Mein Gesellschaftsbeitrag«. Kriegen Sie es für George Clooney noch viel eindeutiger und griffiger hin, sodass die Beschreibung nur für ihn gilt (und nicht gleichzeitig auch für Hugh Jackman) und dabei auch noch kurz und knackig ist? (Herr Jackman, behaupten die Boulevardblätter und meine jungen Kolleginnen, hat George Clooney als sexiest man alive so gut wie abgelöst.) Hier mein Gesellschaftsbeitrag für Mike Krüger, ebenfalls auf der Basis seiner Herausstellung:

»Ich bringe die Leute zum Lachen, weil ich ihnen als Mann aus dem Volk für das Volk den Spiegel vorhalte. Bei mir darf man sich über Blödsinn freuen, das macht unbeschwert und heiter. Dann vergisst man für einen Moment seine Sorgen und all das Schwere. Ich bin der ›Deutsche Michel‹, der in jedem von uns steckt.«

Welchen Beitrag zur Gesellschaft leistet wohl Bob Geldof? Versuchen Sie ihn auf den Punkt zu bringen. Futter dafür sind unter Umständen Dimensionen wie Vorangeher, Erlaubnisgeber, keine Angst vor großen Tieren, die Mächtigen zum Handeln nötigen, frei von Konventionen … Wie war das bei Lady Di? Bausteine können sein: Nächstenliebe, Tun statt Reden, Identifikationsfigur, Hoffnungsgeberin mit Substanz, Einigerin …

Bei Ihrem Gesellschaftsbeitrag ist es genauso wie bei Ihrer Herausstellung: Der Wunsch ist zunächst noch Vater des Gedankens. Sie wägen die Worte gegeneinander ab, finden für dieses oder jenes die noch etwas treffendere Formulierung. Sie prüfen Ihre Aussagen immer wieder auf ihre Richtigkeit und vor allem auch die Machbarkeit. Wie zu Beginn in den Gebrauchsanregungen beschrieben: Ihre Human Brand sollte etwa zwei Jahre Zeit dafür bekommen, sich in den Rahmen hineinzuentwickeln, den Sie ihr geben, und voller Leben zu sein. Ist das leistbar für Ihre Herausstellung? Ist das leistbar für Ihren Gesellschaftsbeitrag? Immerhin sind das zwei ganz zentrale Grundfesten Ihrer Marke. Den Erfolg der Arbeit werden Sie am Grad der Lebenskraft der Marke messen können. Einige Facetten sind bereits heute wahr, einige sollen wahr werden. Im Zusammenspiel tragen sie alle dazu bei, Ihre Marke auf den Punkt zu bringen; als Essenz dessen, wer Sie sind, wie Sie sind, was Sie tun und was Sie lassen. Dabei werden Sie nicht alle Menschen, nicht alle Herzen erreichen. Jawohl! Es gibt nämlich nur ganz wenige Menschen, wie prominente Vordenker, Schauspieler und Sportler, die für derart populäre Themen (Weltrekorde, friedliche Revolutionen, Mondlandung …) stehen, dass es ihnen gelingt, ausnahmslos *allen* Menschen zu gefallen. Marke bedeutet vielmehr Zuspitzung, und Zuspitzung bedeutet hier in der Regel Polarisierung. Es wird Menschen geben, die Ihre Herausstellung und Ihren Gesellschaftsbeitrag klar verspüren und Sie dadurch zu schätzen wissen. Und es wird andere geben, die sich Ihnen genau deshalb nicht zuwenden. Vor allem wird es aber weniger Menschen geben, denen Sie schnurzpiepegal sind. Das haben Sie sich dann verdient!

Vermeiden Sie den »Egal-Faktor«, bevor er entsteht. Ich wünsche Ihnen, dass die lieben, ernsthaften, schätzenswerten Menschen um Sie herum Ihnen von Zeit zu Zeit die Meinung sagen – klar, unmissverständlich, immer konstruktiv. Dann haben Sie eine Relevanz, man interessiert sich für Sie und bemüht sich um Sie. Auch ist es durchaus okay, wenn man über Sie redet, selbst wenn es bloß Klatsch und Nonsens ist. Sollten Sie sich dabei ertappen, dass es Sie stört, halten Sie es bitte wie die Promis: Doof, wenn die Boulevardpresse Blödsinn schreibt. Noch viel doofer, wenn sie gar nichts schreibt. Legen Sie dann also Großmut an den Tag und sagen Sie bevorzugt – nichts. Das ärgert die anderen am meisten.

MERKE

- Machen Sie sich bewusst, dass konstruktive Kritik etwas Wertvolles und Wertschätzendes ist.
- Sehen Sie Kritik positiv wie negativ, indem Sie zwischen den Zeilen hören. Was ist wahr, was kann ich daraus lernen?
- Ihr Gesellschaftsbeitrag sollte derart stark formuliert sein, dass Sie – bei allem Ringen mit sich selbst und den wenigen Eingeweihten – nichts Stärkeres finden.
- Streichen Sie »egal« aus Ihrem Wortschatz. Kritisieren Sie Menschen, denen Wichtiges egal zu sein scheint, wenn sie Ihnen den guten Streit wert sind.
- Lernen Sie es zu schätzen, wenn man über Sie redet. Sollte es Unsinn sein, ist ein mildes Lächeln das schärfste Schwert.

MEINE DREI GEDANKEN

____

____

____

AKTION

Mit dem Arbeitsblatt 12 »Mein Gesellschaftsbeitrag« beschreiben Sie, was die Welt und die Menschen davon haben, dass es Sie gibt; in zwei Jahren, wohlgemerkt. Beispiele sind auch hier die Promis in diesem Kapitel und meine drei Coachees. Auch die wirklich großartige Formulierung Ihres Gesellschaftsbeitrags braucht, wie Ihre Herausstellung, Geduld, viele durchgestrichene Wörter und viel zerknülltes Papier (siehe obere Markenecke im Markendreieck).

Erfolgsfaktor 5 – Qualität: Außen hui, innen hui!

Kennen Sie auch solche Blender und Schaumschläger mit viel davor und wenig dahinter? Zu meinen Zeiten als Konzeptioner und Texter hatte ich einmal einen ganz besonderen Chef in einer Hamburger Werbeagentur, ich zog extra wegen seiner dringlichen Zusage in den Norden. Er war knackig braun gebrannt, föhnfrisiert, redete viel von Mallorca und den Gastwirtschaften an der Elbchaussee, rauchte die Zigaretten gleich in der Stange. Mein Vorgesetzter also, dessen Aufgabe es nach meinem landläufigen Verständnis auch war, seine Mitarbeiter zu führen und zu motivieren. Ich erinnere (nach zehn Wochen war alles vorbei) einen einzigen Satz dieses Herrn: »Meister Berndt, ich hab 'ne geile Line, die musst du erst mal toppen!« »Line« steht hier für die Überschrift für eine Anzeige oder eine Broschürenseite. Anscheinend hatten wir einen internen Kreativ-Wettbewerb, und da gab es für mich immer wieder mal was zu »toppen«.

Es macht einsam, wenn man motiviert in eine neue Stadt kommt und dann auf einen trifft, der kein Förderer, sondern ein Verhinderer ist. Er war mir den guten Streit nicht wert, ich ihm bestenfalls den Streit. Wer trug hier die Verantwortung – mein Chef oder ich? Heute weiß ich: ich. Abgesehen davon, dass es nicht nur eine Bring-, sondern vor allen Dingen auch eine Holschuld gibt, hatte ich damals nicht den Riecher, nicht diese Intuition, die es braucht, um in den Vorgesprächen zwischen den Zeilen zu hören, zu riechen, zu schmecken, zu sehen und zu fühlen. Ich hatte auch nicht die Lebenserfahrung, die ausgeprägte emotionale Intelligenz und was es sonst noch für Begriffe gibt, dieses Manko zu beschreiben. Ich fiel auf mich selbst rein. Hier war meine Wahrnehmung schließlich: Außen hui und innen, wenn es um Substanz, Werte und Umgangsformen geht, gar nicht hui. (Vielleicht war die meines Exchefs von mir ähnlich. Zum Tango gehören immer zwei.)

Ich gebe zu, ich war verwöhnt. Hatte zuvor, noch zu Hochzeiten der Werbung, das große Glück gehabt, einige Zeit mit dem damaligen »Werbepapst« Michael Schirner zu arbeiten. Mein frühester Mentor und Wegbereiter, abgesehen von meinen Eltern, ein Schwerstintel-

lektueller mit alltagskompatiblem Antlitz. Der ist so etwas von außen hui und innen hui! Er hat viele große Kampagnen der damaligen Zeit mitentwickelt, sammelte große Kunst, residierte in einer schneeweißen Agentur mitten in Düsseldorf an einem riesigen schwarzen Schreibtisch, ließ sich in einem noch riesigeren Mercedes fahren und rauchte – einzige Schnittstelle zum Hamburger Chef – die Kippen auch gleich in der Stange. Nachdem mir, ich war noch Textpraktikant, am helllichten Tag mein Mountainbike aus dem Hinterhof der Agentur gestohlen worden war, kam Michael zu mir an den Tisch, öffnete die Brieftasche und schenkte mir 500 Mark für ein neues. Ich werde das nicht vergessen. Drum herum lagen gemeinsame Jahre des intensiven Austauschs, des Ringens um die beste Formulierung, der zweiseitigen Anzeigen im *Spiegel*, der langen Nächte und großartigen Feiern. Wir waren uns täglich und nächtlich den guten Streit wert.

Ein Mann, genauso Alphatier und Selbstdarsteller wie der andere, aber eben anders. Hier macht sich fest, was wir empfinden, wenn wir einen Menschen wahrnehmen. Verkauft er sich über Wert oder darunter, ist er uns sympathisch, geben wir ihm unser Vorschussvertrauen, lassen wir uns von ihm einstellen oder stellen wir ihn ein, leihen wir ihm 20 Euro, vermieten wir ihm unsere Ferienwohnung? Die ersten fünf Sekunden zählen, und der Satz vom ersten Eindruck, für den man niemals eine zweite Chance bekommt, ist schon so bemüht, dass er einfach stimmen muss. Wenn wir dann noch Professor Mehrabian und seiner »7-38-55-Regel« (siehe Seite 46) Glauben schenken, wonach allein 55 Prozent dieses Eindrucks auf die Erscheinung, die Verpackung, gehen, dann birgt das Äußere eine riesige Chance für Human Branding. Ist das nicht toll? Feines Tuch, Kleider machen Leute, blank polierte Schuhe, adretter Hosenanzug und die Haarspange aus echtem Schildpatt … Schon klappt der perfekte Auftritt, die Menschen erstarren in Ehrfurcht, schenken reichlich Vorschussvertrauen, lassen sich leiten und lenken. Viele geben dann auch Geld, das sieht man immer wieder an den Schenkkreisen und anderen Schneeballsystemen bis hoch zur US-amerikanischen Börse. Die Dummen sterben nicht aus, sagen die Schlaumeier gern, und manchmal müssen wir feststellen, dass wir mit drinsitzen in der

Dummenachterbahn mit unseren wertlosen Papieren und Schrottimmobilien.

Zu einer starken Human Brand gehört, dass sie innen ist wie außen und außen wie innen. Dass die Fassade nicht zu dick ist und schon gar nicht aus steinhartem Beton. Sonst wirkt sie wie ein Panzer, und wir kommen nicht heran an diesen wahren Menschen, der sich hinter der Fassade verschanzt. Kennen Sie einen solchen Menschen? Bei dem spüren Sie, dass da was faul ist, dass er wie ferngesteuert wirkt, eine leblose Hülle ohne Seele ist. Er knipst zwar sein Lächeln an, aber es ist ein Lächeln ohne Fröhlichkeit. Er sagt warme, vielversprechende Worte, doch die Augen sprechen eine ganz andere Sprache. Mit diesen Augen schaut er Sie vielleicht sogar an, doch im Geiste befindet er sich auf einem ganz anderen Spaziergang. Früher oder später bemerken Sie es, und das ist das Gute: Blender und Schaumschläger, auch die kleinen Blenderchen und Schaumschlägerchen, denen wir dutzendfach im Alltag begegnen, fallen irgendwann auf. Oder sie legen sich sogar selbst das Handwerk und liefern sich ans Messer ihrer Wahrnehmung, weil Blenden, Schaumschlagen, Rollespielen und Fassade auf die Dauer unglaublich anstrengend sind. Da kann man die Fassade noch so kunterbunt anmalen. Eine Zeit lang gelingt die Illusion, dann beginnt sie zu bröckeln, und es gibt Risse und Löcher.

Lediglich zwei bis drei kritische Menschen sollten Sie bereits bei der Entwicklung Ihrer Marke und dann auch später immer wieder dabeihaben. Sie geben Ihnen die kundige Meinung von außen, das »Fremdbild«. Ich habe darauf auch Wert gelegt, tue es beim Leben meiner Marke heute noch. Das ist ganz wichtig, weil wir uns für noch so schlau, umsichtig, erfahren halten können – unser »blinder Fleck« oder »Tunnelblick« kriegt uns alle! Damit bezeichnen die Sozialpsychologen die Verhaltensweisen, die wir selbst gar nicht mehr wahrnehmen, unsere Mitmenschen dafür umso deutlicher. Es sind Marotten und Gewohnheiten, auch Vorlieben sowie Abneigungen und Vorurteile. Vieles links und rechts sehen wir nicht, wenn wir geradeaus rennen, wie in einem dunklen Tunnel, wo uns nur das helle Licht ganz in der Ferne lockt und zum Rennen veranlasst. All das denken und tun wir unbedacht, und wenn wir uns hier von Zeit zu

Zeit den Spiegel vorhalten lassen, wird es uns bewusst gemacht. (Was wir dann davon annehmen, ist eine andere Geschichte.)

Für ein konstruktives Fremdbild sind die Menschen, die Ihnen sehr nahestehen, nicht geeignet: Sie wollen Ihnen meist zu gut, eher lieber Freund als die konstruktiv-kritische Reibefläche, die mittelgrobe Raspel an Ihrer Marke sein. So nett das ist – suchen Sie sich bei diesem Projekt lieber wirklich offene, wirklich kritische Geister (nicht zu verwechseln mit den allgegenwärtigen Miesmachern und Stinkstiefeln), die Ihnen und denen Sie den guten Streit wert sind (siehe auch Erfolgsfaktor 4 – Relevanz). Das ist zum Beispiel der gute Bekannte im Büro, von dem Sie wissen, dass er sagt, was er denkt. Der zweitbeste Freund eher als der beste, der aufrechte Typ aus dem Sportverein. Auch bei den Reibeflächen und Spiegelvorhaltern ist weniger mehr. Hüten Sie sich dafür, zu viele Meinungen einzuholen, schon gar nicht nach dem Motto »Irgendwann sagt schon einer, was ich hören will«. Es ist wie immer: Wer zehn Leute fragt, kriegt elf Meinungen. Das macht dann ganz kirre statt blinde Flecken sichtbar und Tunnels weit und hell.

Gute Fremdbildgeber blicken hinter die Fassade. Jeder Mensch hat eine, und seit ich mich mit der Weisheit der Gefühle und der Kraft der Intuition beschäftige, achte ich besonders darauf. Bei anderen aus Interesse und von Berufs wegen. Vor allem aber bei mir selbst: Ich kann nur auf der Bühne stehen, die Menschen für mich gewinnen, sie unterhalten und konstruktiv betroffen machen, seien es zehn im Seminar oder 1200 auf der International Sales Conference eines Softwareunternehmens, wenn ich spürbar bin, wenn auch hier mein ultimativer Antrieb, mein Gesellschaftsbeitrag durchschimmert, wenn meine Persönlichkeit deutlich erkennbar ist. Die Fassade ist dann nicht zu dick, das Dahinter nicht uneinsehbar, wenn diese Fassade wenigstens nicht aus Beton und Stein, sondern immerhin nur aus Holzbrettern ist – mit breiten Ritzen zwischen den Latten, durch die derjenige schauen kann, der sich die Mühe macht. Oder aus Milchglas: Zumindest schemenhaft ist dahinter vieles zu erkennen.

Machen Sie sich einmal den Werkstoff, die Güte und vor allem die Dicke Ihrer Fassade bewusst, wenn Sie auf Ihren Bühnen stehen.

Wenn Sie im Montagsmeeting vor Ihre Kollegen treten oder bei der Ortsvereinssitzung Ihrer Partei die Strategie für die Gemeinderatswahlen erläutern, bei denen Sie vielleicht sogar der Kandidat für den Bürgermeisterposten sind. Nehmen die Menschen dann Sie wahr oder vielmehr Ihr Abbild? Wie viel *Sie* ist dabei und wie viel Abbild? Wie ferngesteuert sind Sie, und vor allem wovon und von wem? Wie ist das beim Bäcker, auf der Behörde oder wenn Ihre Kunden Sie anrufen (Ihre Fassade kann man auch durchs Telefon spüren!) oder Sie einen Mandanten beraten? Gut in sich hineinhorchen können Sie, wenn Sie vor Ihrem Vortrag, Ihrer Präsentation oder dem Meeting, das Sie leiten, eine »Bordsteinminute« einlegen. Sie kennen das aus dem Fernsehen, von den Festivals und den Preisverleihungen mit den roten Teppichen: Da bleiben die Stars und die Sternchen gern einen Moment am Bordstein stehen und schauen sich um, wenn man ihnen den Schlag geöffnet und aus dem Wagen geholfen hat. Sie tun es wegen der Blitzlichter, aber auch, um sich zu sammeln, tief einzuatmen, sich vorzunehmen, wie viel von ihrem Selbst und wie viel von ihrer Fassade sie heute preisgeben möchten. Auch zwischen den Kapiteln Ihres Vortrags ist immer wieder Zeit dafür, wenn Sie eine kreative Pause einlegen. Das kommt bei den Zuhörern gut an, es fördert die Aufmerksamkeit und gibt Ihnen Zeit für eine »Bordsteinminute« zwischendurch, die auch wesentlich kürzer als 60 Sekunden sein kann.

Streben Sie allerdings nicht danach, Ihre Fassade komplett abzulegen. Oder verraten Sie mir, wie das geht, wenn es Ihnen tatsächlich gelungen ist. Wir alle haben diese Fassade seit dem ersten Tag auf dieser Welt, und das ist gut so: In schwierigen Situationen ist sie zu unserem Schutz da, damit wir nicht aus Versehen unsere Flanke darbieten, wenn der Moment nicht dafür geschaffen ist, und unser Gegenüber nur noch bequem zuzubeißen braucht. Wichtig im Sinne Ihrer wahrnehmbaren Marke ist es jedoch, ein Gespür dafür zu bekommen, wie Ihre Fassade in einer ganz bestimmten Situation beschaffen ist. Noch besser: wie Sie sie bewusst nutzen, aufbauen, dicker und dünner machen, einreißen können. Gut geeignet für dieses Gespür ist, Babys und Kleinkinder dabei zu beobachten, wie sie auf uns zugehen oder auch uns abweisen: entwaffnend echt, ohne Allüren, ohne Kalkül, geradeheraus, wie es der Instinkt ihnen sagt. Sie sind noch nicht verunsichert, ängstlich, leidgeprüft, vom Alltag geprägt, brauchen noch keinen Schutzpanzer. Von diesem Verhalten können wir uns auf unseren vielen Bühnen des Alltags jedes Mal die richtige Scheibe abschneiden: mehr Flanke, wenn keiner zubeißen kann; mehr Fassade, wenn Gefahr droht.

Blender und Schaumschläger werden irgendwann durchschaut. Genau andersherum, als es sich für eine starke Marke ziemt, zementieren sie ihre Fassade derart, dass sie sich auf den ersten Blick sagenhaft in der Gewalt und unter Kontrolle haben und man ganz neidisch werden könnte. Auf den zweiten Blick aber sind sie wie Roboter, kalt und gesichtslos. Vermutlich führen sie hinter der Fassade ein verhuschtes Dasein ihres wahren Ich. Machen auf ihren Bühnen den »Dicken« und fallen daheim in sich zusammen, die ganze heiße Luft entweicht. Dann ist mit Herausstellung und Gesellschaftsbeitrag Essig, ganz abgesehen davon, dass solche Kraftanstrengungen auszehren und über die Jahre in die psychosomatische Abteilung der örtlichen Klinik führen können.

Eine Human Brand ist in Jahren mühevoll aufgebaut und im schlimmsten Fall, wenn's hart auf hart kommt, in Sekunden mühelos zerstört. Besonders dann, wenn vor lauter Verstellen irgendwann der Dampfkochtopfdeckel mit lautem Knall an die Decke fliegt und die ganzen Markenzutaten sich einmal quer im ganzen Raum verteilen. Achten Sie daher bei Ihrer Marke darauf, dass sie innen ganz viel so ist wie außen und außen ganz viel so wie innen. Dann brauchen Sie keine Angst haben vor einem Fassadendasein und bloßer Augenwischerei, die auf Dauer bloß anstrengend ist und früher oder später sowieso enttarnt wird.

Manche Menschen – ich bin mir sicher, Sie kennen auch welche – sind genau das, was sie vorgeben zu sein, und handeln auch immer so. Wenn man die Verpackung (hui!) aufreißt, weiß man genau, was man kriegt (auch hui!). Das ist das Geheimnis des Erfolgs, der Schokolade genauso wie des Menschen: Erfolg für den Kopf, das Herz, den Bauch. Für die Karriere und den Geldbeutel genauso wie für die allgemeine

Zufriedenheit, mit – das ist doch nicht zu viel verlangt! – einem Glücksmomentchen hier und einem dort.

Dieter Bohlen ist so ein »Hui-Hui«. Der nimmt kein Blatt vor den Mund, lebt nach dem Motto »Work Hard, Play Hard«. Entsprechend sind seine Sprüche, ist sein Auftreten gegenüber denen, die sich ihm in den Weg stellen. Pur und echt, ich nehme das dem Bohlen ab, wenn ich ihn auf der Bühne erlebe. Vorträge hält er nicht, lieber lässt er sich interviewen: Ohne konkreten Anlass losschießen ist halt viel schwieriger, als wenn man eine Steilvorlage bekommt – vom Interviewer wie von einer, die »singt wie 'ne Klobürste«. Der Bohlen strotzt vor Selbstbewusstsein, auch gegenüber der Konkurrenz an der Showbiz-Front. Das darf er auch, weil er immer schon losgelegt hat, wenn die anderen sich noch wundern. Ob ich Herrn Bohlen mag oder nicht, tut nichts zur Sache. Schließlich muss ich ihm nicht meinen Weinkeller zeigen. Auf jeden Fall polarisiert er, und das sollte eine Marke als Allererstes tun. Der Egal-Faktor ist bei ihm miniklein!

Ein anderes gutes Beispiel für Markenqualität ist Wolfgang Grupp, der Mann mit dem Schimpansen im Trigema-Werbespot. Ist der nicht toll, wie er mit dem himmelblauen Einstecktuch und der himmelblauen Krawatte weltmännischen Schrittes sein Königreich durchmisst, die Werkshalle mit den bienenfleißigen Näherinnen im schwäbischen Burladingen? Währenddessen sagt er, dass er hierzulande 1 200 Arbeitsplätze sichert, weil Trigema nur in Deutschland produziert. Ich kenne niemanden, der sich zu Trigema auf der Haut bekennt, aber es gibt diese Menschen bestimmt. Ein Phänomen, dieser Mann, ein Fels in der Brandung schlechter Wirtschaftsnachrichten. Kolportiert wird zudem, dass Wolfgang Grupp noch niemals jemanden aus wirtschaftlichen Gründen entlassen hat und dass er jedem seiner Mitarbeiter einen lebenslangen Arbeitsplatz garantiert und allen ihren Kindern eine Lehrstelle. Fast zu schön, um wahr zu sein. Da sehe ich Herrn Grupp sogar diesen affigen Werbespot vor der Tagesschau nach! Mehr noch: Der Spot ist wie der Mann, genau wie der werkseigene Helikopter und der weiß behandschuhte Butler, der seinen Herrn nach getaner Arbeit in der Villa hinterm Werkshof zur kalten Feierabendplatte lädt. Welche Attribute fallen mir ein für Wolfgang Grupp … erdverbunden sicherlich, vielleicht sogar bodenständig, Unternehmer vom alten Schlag, verantwortungsvoll, risikobereit, visionär ... Das sind alles gute Worte für das Marken-Ei von Wolfgang Grupp. Der lebt sich selbst, ich würde ihm jeden Gebrauchtwagen abkaufen.

Wer so viel Gutes tut, der darf auch gern ein bisschen verrückt sein. Vor allem dann, wenn wir uns dieses Wort einmal näher ansehen: Kommt verrückt sein von »verrücken«? Den gewohnten Standort einmal verlassen, die Perspektive wechseln? Aus der Masse hervorragen (das kann dann sogar ganz hervorragend sein)? Das nimmt dem Wort, wie wir es vor allen Dingen kennen, seinen Schrecken und verleiht ihm etwas eigentlich Sympathisches, vielleicht sogar Erstrebenswertes. Ich bin gern etwas ver-rückt, plane und pflege meine Ver-Rückungen und empfehle das auch meinen Zuhörern und Coachees. Tun Sie es auch einmal, das ist guter Nährboden dafür, Ihre Herausstellung zum Erblühen zu bringen.

In meiner *Handelsblatt*-Kolumne »Mensch, Marke!« schrieb ich einmal, dass Herr Grupp und sein Schimpanse die »Erlaubnisgeber« schlechthin sind! Dafür, dass Sie auch gehörig verrückt sein dürfen, sogar sein müssen. Sie brauchen keinen Heli, aber den Mut, eine klare Richtung einzuschlagen. Und dann die Kraft dafür, stracks geradeaus zu gehen und Ihre Lächler lächeln zu lassen. Vor allem brauchen Sie den Nachweis Ihrer Taten für die Gemeinschaft. Dann sind Sie bald nicht »Deutschlands größter T-Shirt- und Tennisbekleidungshersteller«, sondern »der fairste Lehrlings-Förderer der Nordheide« oder »der größte Arbeitsplatzsicherer von ganz Oberau«. Vielleicht sind Sie dann einfach nur Sie selbst, außen wie innen. Sie leben Ihre Ver-Rückungen, und wir alle spüren das.

Fragen Sie sich bei den Menschen in Ihrem näheren Umfeld, ob Sie ihnen auch einen Gebrauchtwagen abkaufen würden. Wem genau und warum? Wo der Bauch Ja sagt, hat der Mensch ein Höchstmaß an persönlichen Qualitäten, ganz viel Sein und ganz wenig Schein. Das ist der Lackmustest für Markenqualität. Dann fragen Sie sich bitte, wie Sie selbst Ihre Verpackung und Ihre Qualitäten auf höchstmöglichem Niveau in Einklang bringen, damit man auch Ihnen dieses Vertrauen entgegenbringen mag.

MERKE

- Auch Sie haben eine Fassade. Das Wissen darum ermöglicht es Ihnen, sie dicker und dünner zu machen und bewusst einzusetzen.
- Lassen Sie die Hülle nur dort fallen, wo Sie sich wirklich fallen lassen können. Überall sonst gibt Ihnen ein Mindestmaß an Fassade das gute Gefühl, das Sie dafür brauchen, so weit wie möglich Sie selbst zu sein.
- Denken Sie auf den Bühnen Ihres Alltags an die Bordsteinminute, in der Sie tief einatmen und in sich hineinhorchen: Wie viel Fassade und wie viel echtes Ich werden Sie gleich preisgeben?
- Pflegen Sie Ihre Ver-Rückungen. Die sind so einzigartig wie Sie und machen einen Menschen menschlich.
- Sie müssen Joachim Hunold und Wolfgang Grupp nicht mögen, um sie sich auf Ihrem Weg zum »Hui-Hui« zum Vorbild zu nehmen.

MEINE DREI GEDANKEN

____

____

____

AKTION

1. Denken Sie an Ihr Marken-Ei, die Mitte Ihrer Human Brand. Langsam ist es Zeit für den nächsten Wurf:

- Ist der Markenkern schon der absolut stärkste, der für mich vorstellbar ist?

- Steht er wirklich für meinen ultimativen Antrieb, das, was ich anderen in zwei Jahren gebe, was die anderen bei mir spüren?
- Was ist mit den Markenwerten? Sind sie wirklich so, dass sie den Markenkern interpretieren und übersetzen und gleichzeitig auf ihn einzahlen?

2. Jetzt kommt Ihr Markencredo: Beantworten Sie mit dem ausgedruckten Arbeitsblatt 13 »Mein Markencredo« die beliebte Coachingfrage: Was soll einmal neben meinem Namen und meinen Lebensdaten auf meinem Grabstein stehen? Aber: Antworten Sie für das irdische Hier und Jetzt, es geht um Sie, in zwei Jahren schon, sodass Sie von diesem gehaltvollen Markencredo noch zu Lebzeiten eine ganze Menge haben.

   Denken Sie an das gute Beispiel des Ritz-Carlton Hotels: »We are Ladies and Gentlemen Serving Ladies and Gentlemen.« Holen Sie sich auch Anregungen bei meinen beschriebenen Coachees. Außerdem bei den Promis. Mein Markencredo für George Clooney: »Der schöne Mann von nebenan – schlau, charmant und zugewandt.« Und mein Markencredo für Mike Krüger: »Der Nasenfaktor für heitere Momente.«

Erfolgsfaktor 6 – Echtheit: Paula bleibt Paula, und Horst bleibt Horst. Gut so!

Was Marke zu leisten vermag: Sie verdichtet und bringt auf den Punkt, sie profiliert und unterscheidet, sie gibt Sicherheit und Kraft. Was Marke nicht zu leisten vermag: zaubern, klonen, Wunder vollbringen. Für all das ist sie viel zu sehr von dieser Welt, in scharfer Abgrenzung zu Übersinnlichem und Wundersamem. Deshalb ist es wichtig, neben den ganzen Chancen auch einmal auf die Grenzen von Human Branding zu sprechen zu kommen.

In der Regel wird es bei Ihnen zu keiner umstürzlerischen Persönlichkeits- und Wahrnehmungsrevolution kommen. Das ist auch gut so. Sonst würde man Sie unter Umständen gar nicht mehr wiedererkennen und all die Jahre bisher wären für die Katz! Schrecklich, erst all die Mühsal, und nun sind Sie auf einmal ein ganz anderer, bauen alles neu auf, investieren weiterhin Ihre ganze Kraft – in eine ganz andere Richtung. Wobei, man weiß ja nie ... Vielleicht erkennen Sie endlich Ihre wahren Seiten, und die sind derart anders, als Sie bisher dachten, dass Sie tatsächlich zum Rebell gegen sich selbst werden und einen solchen Bruch sogar bewusst anstreben. Es gibt Sachen, die gibt's gar nicht: Manager finden sich im Urwald wieder und Urwäldler im Management. Passionierte Großstädter gehen in die Provence, leben vom selbstgehegten Gemüse und offerieren Selbstfindungskurse am Beispiel ihrer selbst. Freiberufler werden Beamte, und Beamte werden Freiberufler. (Das trägt, in der ganz eigenen Welt des jeweiligen Hauptdarstellers, durchaus revolutionäre Züge.) Beim Human Branding gilt: Alles kann, nichts muss.

Vielleicht tun Sie es Anke Sebrich nach: von der Pressechefin bei MTV zur Jugendherbergschefin im Mangfallgebirge. Eine wahre Begebenheit als Platzhalter für Ihren ganz persönlichen rebellischen Bruch mit sich selbst. Seien Sie also mutig beim Kreieren Ihrer Human Brand, schauen Sie über Ihre Tellerränder hinaus. Hier hält Sie mal keiner fest, keiner maßregelt »Das darfst du nicht!« und »Wie kannst du so was denken?« Klar dürfen Sie, klar können Sie. Wichtig ist, dass Sie laut und vernehmlich »Ja!« rufen, wenn Sie sich selbst die Frage stellen, ob Sie es dürfen und können. Besonders wirksam: Schreien Sie »Ja!« vor dem großen Spiegel im Flur. (Er kann gut schweigen und erzählt es dem Nächsten nicht weiter.) Ballen Sie die Fäuste dazu und recken Sie die Arme hoch – oder beides. Sie sehen, wie Ihre Gestik das Geschriene unterstützt und wie Gesichtsmuskeln arbeiten – Mimik, ein Fest für Ihre Körpersprache! Denn: Spinnen ist hier erlaubt. Tun aber auch, ja mehr als das: sehr erwünscht! Bitte immer daran denken!

Es gibt nicht den richtigen und nicht den falschen Lebensentwurf für Sie. Es gibt *Ihren* Lebensentwurf, und da führt Sie Human

Branding stärker und konzentrierter hin, macht ihn konkreter, bringt den Entwurf zur Ausführung. »Das Herz hat seine Gründe, die der Verstand nicht kennt« (Blaise Pascal, französischer Mathematiker, Physiker und Philosoph). Es ist *Ihr* Herz, es sind *Ihre* Gründe und es ist *Ihr* Verstand.

Wenn es nicht zu einer wahren Persönlichkeitsrevolution kommt – zu einem Revolutiönchen kommt es bestimmt. Wie das bei uns Menschen so ist: Das eigene kleine Beben ist immer das größte. Ich wünsche Ihnen, dass es Sie ordentlich durchschüttelt. Damit es zu einer genauso ordentlichen Justierung und Schärfung dessen kommt, wer Sie sind und wie Sie sind. Denn darum geht es ja bei Human Branding.

Erinnern Sie sich noch an Edmund Stoiber am Abend der Bundestagswahl 2002 in Berlin, als er nach den ersten Hochrechnungen siegessicher und vorsichtig zugleich verkündete, erst mal »noch kein Glas Champagner zu öffnen«? An die Talkshow zuvor, bei der er Sabine Christiansen mit »Frau Merkel« angesprochen hatte? Daneben gibt es viele andere Anekdötchen, viele wahr und trotzdem gemein, auch die vom Transrapid und der Fahrtdauer zum Münchner Flughafen, wo sich Edmund Stoiber so gnadenlos verbal verstrickte.

Zweifelsohne ist Stoiber ein erfolgreicher bayerischer Ministerpräsident, als er gegen Gerhard Schröder antritt. Er stammt aus Oberaudorf, Landkreis Rosenheim. Ist ja nicht schlimm, ich stamme selbst aus der Hinterpfalz. Aber wenn der Ländler plötzlich Weltmann spielen will, kann es, ehe er sich's versieht, schnell mal hapern mit der Echtheit. Auf diese Echtheit, Justierung und Schärfung hin oder her, kommt es bei starken Marken vor allen Dingen an. Ministerpräsident in Bayern? Wunderbar, das läuft wie am Schnürchen: Laptops und Lederhosen, eine Steilvorlage für den – inzwischen – echten Wolfratshausener mit Schreibtisch in München, Staatskanzlei. Aber Kanzlerkandidat? Da knirscht es schon ordentlich im Markengebälk. Berlin ist nicht München und die Welt nicht Bayern. Bundeskanzler der Bundesrepublik Deutschland? Puh, das muss man mögen. Aushalten wollen muss man es. Und können. Aushalten können erst recht.

Also Stoiber for Bundeskanzler. Damit er im Wahlkampf smarter und weltmännischer rüberkommt, gehen die Imageberater ran. Das soll man nicht abrupt merken, stattdessen das Neue und andere vorsichtig unterheben wie geschlagenen Eischnee unter die bestehende Markenmasse. Aber bei Stoiber merkt man es: Ganz brachial kommt ein anderer Stoiber aus der Imagewandelmaschinerie heraus, und da wird es langsam eng. Eine Revolution fürwahr, eine Image-Explosion! Wer nimmt ihm auf den Wahlplakaten, im Fernsehstudio und bei der Lektüre der Homestorys in der Regenbogenpresse den Volksvertreter mit der klaren Herausstellung ab, der unsere Interessen teilt und wahrnimmt und sie in der Weltgemeinschaft mit Zähnen und Klauen verteidigt? Stoiber ist auf einmal »stuck in the middle«, er steckt in der Mitte fest, irgendwo zwischen »Weißwurstzutzler« mit Herrengedeck und G8-Gipfel-Gastgeber mit internationaler Parkettsicherheit. Bei den Bayern ist er nicht mehr so richtig, das enge Band ist durchgerissen. Bei den Alphatieren in Berlin ist er noch nicht so richtig, das Band scheint nicht lang genug. (Von den anderen Hauptstädten dieser Erde ganz zu schweigen.) Dort tickt man irgendwie anders, dort braucht man dieses Gen, das Brandt und Schmidt, Kohl und Schröder haben. Der Marken-Gau folgt dann 2005, als Angela Merkel Kanzlerin wird: Erst wird er angeblich Minister in Berlin, geht dann aber postwendend als Ministerpräsident zurück nach Wolfratshausen. Da ist es daheim in München zu spät.

Welcher Art aber ist dieses Gen, das die anderen haben, genau? Schwer zu sagen. Da sind sie wieder, diese leeren Worte ganz vom Anfang dieses Buches: Es steckt irgendwo fest zwischen charismatisch, jovial, eloquent, gewandt, konziliant, distinguiert und sonstigen Beschreibungen, die das Unbeschreibbare umschreiben. Hiermit erfinde ich ein Wort, das all das Umschriebene auf den Punkt bringt: *obamaesk*. Edmund Stoiber ist nicht obamaesk, eine neue Fassade macht noch keinen Staatsmann. Man kann seine Wurzeln nicht verleugnen, sonst gibt es den harten Bruch mit der Vergangenheit, die zu jedem Menschen dazugehört. Man kann scheinbare oder tatsächliche sprachliche Defizite nicht einfach wegtrainieren. Das Herz nicht in eine Richtung zwingen, in die es nicht hüpft. Muss man auch nicht. Nur ist es wünschenswert zu wissen, wo man hingehört und hinstrebt – und dies alles zu erkennen, bevor man es so krampf- und schmerzhaft in irgendeine Richtung irgendwie versucht.

Ein positives, ein wundervolles markenstarkes Beispiel: Angela Merkel, echt bis ins Mark, schon immer gewesen. Hier sind die Persönlichkeit und die Marke absolut deckungsgleich, ein fast schon lehrbuchhaftes Beispiel professionellen Human Brandings. Dieser Umstand trägt – außer Sach- und Fachkompetenz – ganz gehörig zu ihrem Erfolg bei. Sollten hier Imageberater am Werk sein, und das sind sie meines Erachtens sicherlich, verrichten sie einen fabelhaften Job. Die Markenmedizin wird ihr in homöopathischen Dosen verabreicht. Sie wirkt Tröpfchen für Tröpfchen, immer eine viertel Drehung an den Stellschrauben für die Justierung. Die Marke Merkel wächst mit ihren Aufgaben. Unvergessen diese Echtheit, als George Bush zum Barbecue im mecklenburgischen Trinwillershagen zu Gast ist. Mehr Marke Angela Merkel geht nicht, Hut ab vor ihrer Intuition oder ihren Beratern oder beidem! Auch das Wahlvolk honoriert das. Stellen Sie sich vor, wie belanglos dieses Grillfest auf der Bühlerhöhe oder im Park von Sanssouci gewesen wäre …

Wenn Sie Ihre Marke entwickelt haben, kommt die Ausgestaltung, das Hineinwachsen in den Handlungsrahmen. Hier bietet die Marke Ihnen die Leitplanken für Ihre Maßnahmen und Aktivitäten. Damit Sie diese eine Sportart auswählen, die wie geschaffen für Sie ist. Diesen einen Netzwerkverein, in den Sie all Ihre Kontakte und Netzwerkzeit investieren. Dazu diese eine Netzwerkplattform im Internet und die wenigen Hobbys, die Ihnen wirklich Freude bereiten und Kraft spenden. Weniger ist mehr, und Sie sollten hier nicht nur herausfinden, was Sie weshalb gern tun, sondern vor allem, was Sie alles an überflüssigem Kram weglassen können, ohne eine Träne des Bedauerns.

Fort- und Weiterbildung ist hier ein gutes Stichwort. Die Landschaft ist kunterbunt und voller Irrwege und Tunnels, die ins Licht oder bloß ins Nichts führen. Hier kommt die erste unvollständige Übersicht über die Erfolgsdisziplinen auf der Basis der starken Human Brand (es gibt natürlich viel mehr):

- Körpersprache und Wirkung
- Stimme und Sprache
- Rhetorik
- Präsentation
- Networking
- Zeitmanagement
- Stil und Etikette
- Farben und Bekleidung
- Berufung
- Social Media

Das ist nur der Gipfel des riesigen Fort- und Weiterbildungseisbergs. Nur weniges davon ist dazu geeignet, genau Ihre Marke zu leben und Ihre Marken-PS zwischen die Leitplanken zu bringen. Die Kunst liegt zuerst darin, das Richtige auszuwählen; anschließend darin, es konsequent zu tun.

Ich möchte Sie dazu ermutigen, sich auf Ihre Stärken zu konzentrieren und diese konsequent auszubauen. Also Gutes, das Sie ausmacht und was Sie zudem richtig gern tun, noch besser zu machen. Ein paar Beispiele:

Wenn Sie schon ein umgangssprachlicher Crack in Französisch sind: Werden Sie in der Firma zum Verhandlungscrack mit allen Franzosen, die Ihnen unterkommen. Die geben Ihnen einen Extrabonus, egal was Sie sagen, weil Sie es nicht mit diesem verhassten Konferenzenglisch probieren. Belegen Sie Einzel-Konversationsunterricht, zweimal die Woche eine Stunde vor dem Job, und planen Sie mindestens drei Wochen im Jahr in dem Land, das sowieso Ihr Lieblingsland ist. Spanisch, Polnisch und Bretonisch nehmen Sie sich dann fürs nächste Leben vor. Und für Ihr Englisch tun Sie nur, was Sie halt so brauchen, um gut mitzuhalten.

Es gibt wenige Menschen, die richtig gut schreiben. Und denen es sogar noch Spaß macht, völlig vergeistigt und nächtelang im Schein der Funzel am Satzbau herumzupusseln. Sind Sie so einer, der sich mit seinen 26 besten Freunden auf der Tastatur, dazu drei Umlaute und das ß zurückzieht in sein Schneckenhaus? Wenn schon, denn schon! Eine begnadete Gabe, für die es großes Noch-besser-mach-Potenzial gibt. Lesen, wie große Schreiber schreiben, ganz viel üben, Geschichten, Essays, Reportagen, dazu die Schreibwerkstatt im toskanischen Olivenhain, vielleicht das eigene Buch, sogar im richtigen Verlag ... Richtig gut rechnen können ja andere!

Wenn Ihr Chef sagt, Sie seien ein guter Verhandler, und Ihr Lebenspartner sagt das nach dem nächsten Sofakauf auch, dann können Sie's langsam glauben. Dann macht es Ihnen Freude, den schmalen Grat zwischen Interessenausgleich und blödem Rumfeilschen zu bewandern. Im Sinne Ihrer Haushaltskasse und des Budgets Ihrer Firma. Solche Menschen sind gesucht, auch wenn es nicht ums Geld, sondern zum Beispiel um bessere Arbeitsbedingungen, die Geschwindigkeitsbegrenzung in Ihrem Wohnviertel und das Taschengeld für Ihre Jüngste geht. Bauen Sie's aus! Es gibt ganz große Verhandlungstechniker, in deren Vorträgen und Seminaren selbst Sie noch etwas lernen können. Und damit ganz viel Angriffsfläche fürs Ausprobieren in der Praxis, beruflich wie privat.

Eine Sportart, und die richtig, reicht fürs ganze Leben. Wenn Tennis Ihr Ding ist und, okay, noch Skilaufen im Winter, dann ist das doch fein, oder? Denken Sie an die Einzel- und Doppelturniere, die Jugendarbeit im Verein, die ganzen unentdeckten Skipisten von Slowenien über Rumänien bis nach Chile. Und da wollen Sie wirklich noch einen Segelkurs auf dem Brackwasserweiher hinter der Autobahnauffahrt machen? Oder Kitesurfen an der Ostsee? Und die Quallen? Außerdem, bis Sie kommen, sind die coolen Trendsetter lange weg!

Lions oder Rotary oder Round Table oder Lady Circle oder Frauennetzwerk. Oder gar nichts. Wir vergessen oft, dass wir nicht in einen Netzwerkzirkel *müssen*. Heute ist die Netzwerkerei derart entinstitutionalisiert, dass es auch anders geht. Ich selbst war drei Jahre lang bei Lions, herzensgute Menschen alle miteinander, nur war das einfach nicht mein Ding. Ich trat aus und hinterließ dabei fruchtbare Erde, netzwerke mittlerweile mit Leib und Seele bei der German Speakers Association, alles andere passiert informell. Wenn Sie irgendwo mitmachen, dann bitte mit Haut und Haaren. Sonst verursacht es nur Frust, auf beiden Seiten. Und: Ein Ding reicht vollkommen!

Weniger ist mehr. Ganz viele an sich tolle Dinge kann man guten Gewissens einfach weglassen. Ohne dieses Ich-verpass-was-Gefühl. Der Clique auch mal sagen, bitte zieht alleine los, am Samstag ist *mein* Samstag. Daheim auf dem Sofa liegen, Handy aus, die Katze auf dem Bauch, hinter den Ohren kraulen, die bereitliegenden Salzstangen futtern und Spaghetti-Western im Fernsehen. Einfach so. Das Beste: Sie haben noch nicht mal ein schlechtes Gewissen, verspüren eher sogar leichte diebische Schadenfreude darüber, dass die anderen sich jetzt im »Las Palmas« bis morgen früh um 5 unter der Discokugel abmühen, und keiner traut sich zu sagen, dass er im Grunde hundemüde ist. Dazu trinken sie diese teuren, bunten Mixgetränke. Sie jedoch kraulen weiter die Katze, plündern das Salzstangendepot und schalten um von einem drittklassigen auf ein viertklassiges Fernsehprogramm. Einfach mal Schluss mit Schneller, Höher, Weiter.

Bedenken Sie immer, bei allem, was Sie tun und was Sie lassen: Wo komme ich her? Was ist mir wirklich wichtig, wofür schlägt mein Herz? Ab wann verbiege ich mich und bin selbst ferngesteuert? Fragen Sie sich bei jeder einschneidenden Veränderung, ob Ihre Eltern in Ihnen weiterhin die Tochter oder den Sohn erkennen würden. Tun Sie all das, was Sie guten Gefühls mit Ja antworten können. Lassen Sie alles andere bleiben. Und lernen Sie das schätzen, was Sie mit normaler, nicht übermenschlicher Kraftanstrengung sowieso nicht ändern können (und es auch gar nicht wollen, wenn Sie mal genau in sich hineinhören). Meine gute Freundin und Mentorin Sabine Asgodom beschreibt es in ihrem Besteller *Lebe wild und unersättlich!* so: »Ich gelte als selbstbewusst, fröhlich und humorvoll. Ja, das bin ich. Und das trotz aller Kränkungen, die ich als übergewichtige Frau immer wieder erfahren habe! Es hat mich ein ganzes Stück Arbeit gekostet, mir von all den offenen und versteckten Angriffen nicht mehr den Schneid abkaufen zu lassen. Wie viel Energie habe ich mein halbes Leben lang aufwenden müssen …, um trotz meines vermeintlichen Mankos Selbstliebe zu entwickeln.«[20]

Sabine Asgodom kann Ihnen Beispiel und Vorweggeherin sein. Ob Sie nun (zu) dick, dünn, groß, klein, hübsch, lispelnd, hinkend, schielend sind: Schielen Sie mit Wonne, als ob es um den Schielpreis des Jahres geht. Mit ein bisschen Verve und Geschick ist die vermeintliche Schwäche dann eine Stärke, ein Anker sogar (siehe nächstes Kapitel). Karl Dall hat es mit zwei Auffälligkeiten, bei denen andere Menschen viel Geld dafür ausgeben würden, sie loszuwerden, weit gebracht: einem Hängelid und einem Sprachfehler. Er scheint sehr froh damit zu sein.

MERKE

- Human Branding zaubert nicht, sondern entwickelt. Nutzen Sie die Techniken und die Möglichkeiten, gepaart mit Ihren wahren Gedanken und Gefühlen. Das ist die vielversprechende Kombination.
- Achten Sie darauf, den Entwicklungen Zeit und Raum zu geben. Das vermeidet den großen Bruch mit allem und jedem, der häufig nur auf den ersten Blick toll und richtig ist.
- Vergessen Sie nicht, wo Sie herkommen. Das härteste Kriterium beim Wandel ist, ob Ihre Eltern Sie weiterhin als ihre Tochter oder ihren Sohn erkennen, wenn Sie zu Besuch sind.
- Überlegen Sie, was es für Sie bedeutet, obamaesk zu sein.
- Konzentrieren Sie sich darauf, das Gute und Starke – das, was Sie lieben – noch besser zu machen. Da haben Sie für den Rest Ihres Lebens genug zu tun.

MEINE DREI GEDANKEN

AKTION

Ihre Bildwelt für alle Sinne: Sie macht Ihre Marke rund, ergänzt die Texte und sorgt gemeinsam mit ihnen für die noch konkretere Vorstellung davon, wer, wie und was Sie in zwei Jahren sind. Wie sehen Sie aus, wie riechen Sie, wie schmecken Sie, wie fühlen und hören Sie sich an? Gewöhnungsbedürftig für Sie und die Herangehensweise an Ihre Marke? Mag sein! Dabei lösen unsere Sinnesorgane tatsächlich solche Empfindungen aus, angenehmere und weniger angenehmere, wenn wir an andere Menschen denken. (Denken Sie nur an diese eine Frau, die immer so gut duftet; oder an diesen einen Mann, der so ungehobelt daherkommt; oder an diesen einen, der so laut ist, selbst wenn er nichts sagt!)

Sehen Sie sich die Möglichkeiten für Ihre Bildwelt im Downloadbereich im Internet an. Dort gibt es 40 Fotos. Wählen Sie – getreu unserem Prinzip der Verdichtung – fünf Fotos aus, die Ihre Marke für alle Sinne auf den Punkt bringen werden. Beispiele für Ihre Bildwelt gibt es im Kapitel »Beispiel: Drei Menschen und ihre Human Brands (II)«, Seite 227 ff. Denken Sie jetzt also nicht an die anderen, sondern an sich selbst. Es ist ganz einfach und macht Spaß, wenn Sie sich diese Frage stellen:

- Wie wird meine Human Brand in zwei Jahren aussehen: so klar wie die Wassertropfen, so strukturiert wie die Dokumentenordner, so frisch wie das Weißbier?
- Wie wird sie riechen: so natürlich wie das Kaminfeuer, so würzig wie der Kaffee, so frühlingshaft wie die Wiese?
- Wie wird sie schmecken: so exotisch wie das Sushi, so erdverbunden wie die Brezel, so unverfälscht wie der Apfel?
- Wie wird sie sich anfühlen: so stachelig wie der Kaktus, so rau wie das gestapelte Holz, so kühl und glatt wie das Mercedes-Cabrio?

- Wie wird sie sich anhören: so bunt wie der Rummel, so knackend wie das Kaminfeuer, so zart wie die Ebbe am stillen Strand?

Ganz wichtig für Ihre Bildwelt sind diese Regeln:
- Beim Vergleich und der Bewertung der Fotos gibt es kein »Besser« und kein »Schlechter«, kein »Schön« und »Hässlich«. Sie sind schlichtweg unterschiedlich, jedes ist anders und interpretiert die Erscheinung Ihrer Marke in zwei Jahren besonders gut oder eben nicht so gut. Das spüren nur Sie!
- Lassen Sie unbedingt außer Acht, ob Sie gern Äpfel essen oder Weißbier trinken, ob Sie Kakteen mögen oder ein altes Mercedes-Cabrio. Das ist vollkommen unerheblich! Wichtig ist allein, ob und wie gut das jeweilige Foto die Bildwelt Ihrer Marke unterstützt.

Wählen Sie Ihre fünf Fotos und drucken Sie sie am besten farbig aus. Hängen Sie sie an Ihre Markenwand und lassen Sie die Fotos zusammen mit dem Marken-Ei und den anderen Modulen wirken:
- Sind sie dazu geeignet, mein Marken-Ei zu übersetzen und zu interpretieren?
- Korrespondieren sie mit Herausstellung und Gesellschaftsbeitrag?
- Lösen sie eine weitere Welle aus?
- Machen sie für mich die Vorstellung von meiner Marke in zwei Jahren noch griffiger und klarer?

Erfolgsfaktor 7 – Wiedererkennung: Setze deinen Anker!

Was für den einen ein menschlicher Makel ist, ist für den anderen sein größtes Kapital. Mike Krüger und die Nase, Karl Dall und das Hängelid sind gute Beispiele. Mike Krüger wird dem größeren Publikum Mitte der 1980er-Jahre, ich bin noch Filmvorführer im heimatlichen Lichtspieltheater, bekannt mit einem denkwürdigen Kinohit: »Die Supernasen«. Ein Teenie-Klamauk mit Autos, Mädels, Eis am Stiel. Thomas Gottschalk, auch recht große Nase, ist auch dabei. Wäre die Idee zu dem Streifen auch ohne Mike Krügers große Nase entstanden? Falls doch – hätte er ohne sie eine der Hauptrollen bekommen? Und wäre er ohne den Film noch heute, gut 25 Jahre später, so bekannt, dass er gut bezahlte Werbung für »Family Cappuccino« von Krüger (»Es geht auch Krüger!«) und Hagebaumarkt (»Mach dein Ding!«) machen könnte? Wohl eher dreimal nein. Wir sehen: Große Körperteile sind im wahren Sinne des Wortes eine Herausstellung. Man muss sie nur als solche anzunehmen und zu akzeptieren wissen, dann im Sinne der Marke mithilfe der Herausstellung einen Gesellschaftsbeitrag versprechen und schließlich, wenn die Menschen darauf anspringen, auch nutzen. Der Markenkern als ultimativer Gesellschaftsbeitrag von Mike Krüger könnte ganz einfach »Spaß« lauten; etwas substanzieller »unterhalten« und, je nach Anspruch und Mission des Marken-Ei-Besitzers, auch »zerstreuen«.

Nun sind Herr Krüger und Herr Dall ganz spezielle Beispiele. Es gibt oftmals gute Gründe, Körperteile, die aus der gemeinhin gelernten Norm gerutscht sind, zu verkleinern und zu begradigen. Durchaus auch zu vergrößern, in eine Richtung, die sie überhöht, im wahrsten Sinne des Wortes herausstellt. Das Produkt, und ein Produkt ist es dann wirklich, heißt schließlich zum Beispiel Samantha Fox, eine Art Sängerin, in meiner Jugend als Starschnittposter lebensgroß im Partykeller bei Olli und Hopsi, dazu gibt es Waldmeister-Wackelpeter mit Wodka und Neue Deutsche Welle. Oder Pamela Anderson, eine Art Schauspielerin, heute noch begehrt. Woran denken wir, wenn uns jemand ihren Namen zuruft? Genau, an die Oberweite. Das ist in der Tat ein Anker, wie die Anker der Herren Krüger und Dall. Ob es ein guter ist oder ein schlechter, dafür gibt es keine Wertung, nur Ihre Meinung und den Stellenwert, den der Besitzer des Ankers bei Ihnen hat.

Anker gibt es viele. Natürliche und künstliche, aktiv gesetzte oder einfach so passierte. Cindy Crawford hat einen, und sie wäre niemals so berühmt geworden, hätte man ihr dieses süße kleine Muttermal am Mund weggemacht. Das wollen die Menschen nämlich sehen und die Modelagenturen und die »Booker« für die Besetzung der großen Mode- und Kosmetikspots auch: jemanden, der nicht nur so wunderschön ist wie der ferngesteuerte Klon aus der Retorte, sondern vor allem auch interessant, der eine Seele hat und ein wirkliches Gesicht, jemand, der menschlich ist. Das macht echt, da sind wir wieder bei dieser wichtigen Grundzutat einer starken Human Brand. So etwas macht verletzlich, und das weckt immer Interesse und spricht das Kümmer-Gen an, das in jedem von uns steckt. Mit diesem Muttermal könnte Cindy Crawford auch eine von uns sein, grillen mit Angela Merkel und George Bush in Trinwillershagen, und nicht nur das Supermädel, 65 Meter hoch und nachts beleuchtet auf diesem riesengroßen Plakat am Times Square in New York.

Starke Wurzeln hat der Anker in Giengen an der Brenz. Da sitzt Steiff, und da erfindet Margarete Steiff kurz nach der vorletzten Jahrhundertwende den Teddybären. Weil sie so viel Erfolg mit den Teddys hat, lassen die Nachahmer nicht lange auf sich warten. Ein großes Schiff nach Europa, voll beladen mit Plagiaten aus Amerika, geht zwar unter, doch Margarete Steiff ist höchst alarmiert: Sie sucht nach einer Möglichkeit, ihre Original-Plüschtiere als solche zu kennzeichnen, und erfindet den »Knopf im Ohr«. Dazu bohrt man dem eben in mühseliger Handarbeit hergestellten Tier ein Loch ins Ohr. Da sitzt dann die Niete, der besagte Knopf, und daran hängt ein Fähnchen, auf dem steht Rot auf Gelb »Steiff®« und »Knopf im Ohr«.

Wenn Sie Ihrem Liebsten oder Ihrer Liebsten ein besonders inniges Geschenk machen und Sie entscheiden sich für einen Knuddelbären, kommt dann für Sie ein Teddy infrage, der nicht von Steiff ist?

Die Zahl der »Auf keinen Fall!«-Antworten geht vermutlich stark gegen 100 Prozent, vorausgesetzt, Sie haben erstens diesen Menschen tatsächlich ganz doll lieb und zweitens das nötige Kleingeld übrig. Da kaufen wir dann also ein Tierchen, das oben am Ohr kaputt ist und dazu Werbung auf dem Fähnchen hat, auch noch diese runde »Halsmarke« trägt, wie Steiff sie nennt. Auf der Marke aus Pappe steht der Name des Tierchens und noch einmal Werbung. Was tun wir dann, bevor wir es verschenken? Nichts! Und der oder die Beschenkte? Auch nichts! Überall sonst machen wir den ganzen Firlefanz, die ganzen Schildchen ab. Bei Steiff aber nicht. Da sind wir ganz stolz darauf, dass wir so etwas Tolles besitzen, und der Knopf und das Fähnchen und die Halsmarke bleiben deshalb dran. Das ist Marke vom Feinsten. Das ist auch Anker vom Feinsten. Und ein gutes Beispiel dafür, wie solch ein starker Anker dazu anregt, Geschichten zu erzählen. Hier ist es die Geschichte mit dem Schiff mit der nachgemachten Ware aus Amerika. Außerdem fällt jedem von uns bestimmt noch eine Geschichte ein: Wir erinnern uns ganz genau, wem wir zu welchem Anlass ein Steiff-Tier geschenkt haben und wie das dann alles so war.

Angela Merkel formt ihre Hände vor dem Körper zu etwas, das man »die Raute der Macht« nennt. Sie gehört untrennbar zu ihr. Udo Lindenberg trägt den Hut, Karl Lagerfeld hat gleich mehrere Anker: Fliege, Zopf, Fächer, Schnodderschnellreden, Wespentaille. Ich hatte mal einen Chef, der kaufte nicht einen Anzug, sondern immer fünf gleiche, ganz besonders klassische, in Schwarz, dazu fünf gleiche weiße Hemden. Das war halt so, da musste er sich gar nicht verbiegen, und daraus wurde sein Anker. Überlegen Sie einmal, welchen Anker Ihre Kollegen im Büro haben. Es kann auch etwas sein, zu dem wir normalerweise »Spleen« sagen. Und der ist derart sympathisch und passt so gut zu dem Menschen, dass er gar nicht mehr wegzudenken ist. Irgendwann wird dann ein Anker aus dem Spleen, und wenn Sie dann in der Kantine auf den Kollegen Schnederpelz von der Abteilung II 4a kommen und Ihnen fällt partout sein Name nicht ein und Ihr Gegenüber weiß überhaupt nicht, von wem Sie sprechen, dann sagen Sie: »Das ist der, der seine fleischfressenden Pflanzen immer mit

Evian gießt.« Dann wissen alle Bescheid und haben sofort ein Bild mit Haut und Haaren im Kopf und lehnen sich mit einem wissenden »Ach, der …!« zurück.

Ich trinke meinen Kaffee aus dem Glas, »Kreativenkaffee«. Dafür bin ich bekannt, in der Firma wie bei Mandanten, wie ein bunter Glaskaffeetrinker, und wenn die lieben Kollegen mir mal einen Kaffee mitmachen, machen sie ihn genau so. (Es gibt außerdem bereits Mandanten, die darauf achten.) Das ist auch ein Anker, genau wie der, dass ich meine Armbanduhr am rechten Handgelenk trage. Dazu kommen Wörter und Redensarten, die man mit mir verbindet, die Kanne mit dem frischen Ingwer in Heißwasser auf dem Tisch und die Tatsache, dass ich mir im Meeting gerne mal die Hände eincreme (mit Weleda). Die Tube steht da immer. Das erzählen mir die Düsseldorfer Exkollegen noch nach mehr als 20 Jahren. Was von alldem markenbildend im Sinne einer starken Marke Jon Christoph Berndt® ist, bei der mein Marken-Ei, meine Herausstellung und mein Gesellschaftsbeitrag glasklar durchschimmern, bleibt der Meinung derer überlassen, die mich wahrnehmen. Nur egal ist es hoffentlich nicht allzu vielen.

Auch an Sie sollten die Menschen denken und sich erinnern, selbst wenn man Ihren Namen gar nicht parat hat. Ist das nicht die, die immer diese großen Ohrringe trägt? Immer nur Hosenanzug, aber niemals Rock, ganz klassisch gerade geschnitten, grau? Der mit dem roten Halstuch? Die mit dem Filofax, die alle Termine und Adressen immer noch mit dem Füller in ihr Buch einträgt? Sind Sie morgens um fünf in Abflughalle B der Einzige auf dem Weg zum Flieger, der nicht Schwarz-Weiß zum Alu-Rollkoffer trägt? Sondern ein Hemd in einem Rotton? Ziemlich mutig unter den ganzen Pinguinen! Und ziemlich markenbildend. Auch dann haben Sie einen Anker gesetzt, unverwechselbar Sie. Dabei muss solch ein Anker gar nicht teuer sein. Viel wichtiger ist, dass er zu Ihnen passt und Sie ihn konsequent hegen und pflegen. Einer meiner Lieblinge ist der »Fünf-vor-Anker«: Werden Sie zu der Human Brand, die immer, immer, immer fünf Minuten vor der Zeit da ist! Zum internen Meeting genauso wie beim Kunden und beim Rote-Rosen-Date. Nicht zehn vor und nicht vier vor, schon gar nicht zwei nach. Dieser Anker kostet nichts, und wenn Sie ihn immer setzen, ist er markenbildend par excellence.

Gut ist auch, wenn Sie weder im Mercedes noch im Audi noch im BMW auf den Werkshof Ihres Kunden einbiegen. Das müssen Sie sich aber leisten können. Nicht dass der Mensch denkt, Sie hätten nichts auf der Naht! Dann reißt sich der Anker nämlich schnell wieder los und bringt im Wahrnehmungssturm Ihr ganzes Markenschiff ins Schlingern. Also: Seien Sie hierzulande vorsichtig beim Auto! Nicht zu groß natürlich, geht heutzutage gar nicht. Die achtjährige Tochter eines Freundes, eingefleischter Sport-Geländewagenfahrer, lässt sich von ihm neuerdings an der letzten Straßenbiegung vor der Grundschule absetzen, weil sie der Meinung ist, dass das sonst »voll peinlich« ist mit der Riesenkarre vor all ihren Freundinnen. Vor allem darf es aber nicht zu mickrig sein. Ein 1960er-Aufpump-Citroën geht, wenn Sie der Typ dazu sind. Oder eine alte S-Klasse von Mercedes, muss nicht teuer sein. Aber ein Japaner? Puh! Ich fuhr mal einen Skoda, der war fein, mehr Auto braucht kein Mensch. Dann fuhr ich BMW, weil wir für BMW arbeiteten. Da konnte ich mich mit meiner eierschalengelben Familien-Isetta, Baujahr 1960, nicht auf die sichere Seite argumentieren. Inzwischen fahre ich das schönste Auto: gar keins. Dafür immer mit Chauffeur – Bus, Bahn, Taxi. Das ist auf jeden Fall so stil- wie markenbildend, und es bietet immer schön Gesprächsstoff.

Starke Marken leben von eingängigen Geschichten, die über sie verbreitet werden. Solche Storys übersetzen die Markenpersönlichkeit und machen sie erlebbar. Und sie leben von den Ankern, die tragende Rollen in den Erzählungen spielen. Das ist bei der Story von Steiff und anderen herausragenden Produkten genauso wie bei Menschen. »Storytelling« ist ein wunderbares Marketinginstrument, um der Marke Begehrlichkeit und Ausstrahlung zu verleihen und sie mit allen Sinnen erlebbar zu machen. Diese Methode ist so schön wie bewährt. Bereits Harun-al-Raschid, der Kalif von Bagdad, wendet sie im 8. Jahrhundert mit Wonne an: Nachts schleicht er sich, verkleidet als gewöhnlicher Bürger, aus dem Palast und geht dahin, wo die Menschen sind. Er setzt sich dazu und spitzt die Ohren, hört ihnen zu, wie sie

Geschichten aus ihrem Leben genauso wie über ihren Kalifen erzählen. Das sagt ihm derart viel über die Stimmung im Land und das, was seine Untertanen bewegt, wie es heute die komplizierteste Meinungsforschung nicht vermag. Er hört Geschichten aus berufenen Mündern. Er lernt daraus und nährt seinen Ruf als weiser Richter. Und er findet so viel Freude daran, dass er sie sammelt und weitererzählt. Manchmal gibt er sich selbst eine tragende Rolle darin, und mit der Zeit entsteht die Sammlung der *Geschichten aus 1001 Nacht*, die auf ihrem Weg in die heutige Zeit mit allerlei Ausschmückungen bedacht werden. Im Grunde sind und bleiben sie wahr.

Wir Menschen lieben solche Geschichten, wohlgemerkt nicht zu verwechseln mit Gerüchten und übler Nachrede. Sie sind kraftvoll, wenn sie gekonnt erzählt sind. Dann hört man ihnen mit weiten Augen und offenem Mund zu, fühlt förmlich, was sich da gerade zuträgt. Man hat den Duft der Szenerie in der Nase, wie Sie vielleicht gerade eben bei meiner Geschichte den Duft von Gewürzen und Früchten auf den Nachtmärkten von Bagdad, während sich der Kalif auf den Weg macht unter sein Volk. Nutzen Sie diese Kraft für Ihre Human Brand! Und versehen Sie sie dafür mit den Ankern, die zu Ihnen passen, Sie unverwechselbar machen und Ihre Persönlichkeit auf den Punkt bringen. Wenn die Geschichte kernig erzählt wird, polarisiert sie auf konstruktive Art und gibt Ihrer Marke Ecken und Kanten. »Ein Unternehmen zu verändern heißt letztlich nichts anderes, als seine Geschichte für die Zukunft neu zu schreiben«, sagen die Münchner Storytelling-Experten Karolina Frenzel, Michael Müller und Hermann Sottong in ihrem Buch über das »Harun-al-Raschid-Prinzip«.[21] Stimmt, und für den Menschen gilt das genauso.

Hören Sie aufmerksam zu, welche Geschichten über Sie erzählt werden. Solche, die Ihre Marke besonders eingängig übersetzen, erzählen Sie weiter, wo es Ihnen passend erscheint und Sie die Lust dazu verspüren. Was da drin dann besonders schmackig verpackt ist, sind häufig nichts anderes als Ihre Anker. Sie dürfen sie beim Streuen auch anreichern und ausschmücken, wie der Kalif von Bagdad. Konstruktive Wahrheitsdehnung ist erlaubt. Hauen Sie aber bitte nicht zu fest auf die Pauke, lieber flach spielen und hoch gewinnen.

Natürlich erzählen Sie außerdem auch Ihre eigenen Geschichten, Storytelling ist ein Geben und Nehmen. Vorausgesetzt, es ist Ihr Ding, wird es Ihnen mit der Zeit Freude machen. Sie werden Geschichten erzählen wie ich in diesem Buch, Erlebnisse und Begebenheiten im Kreise meiner Familie, mit Freunden und Bekannten, Kollegen und Menschen auf der Straße. Irgendwann haben Sie eine Sammlung mit Geschichten von und über sich. Die verselbstständigen sich dann, kursieren überall dort, wo Sie gar nicht dabei sind, wohl aber Ihre Marke. Das sind noch treffendere Fundstellen als bei Google! Damit kommt Farbe in das, was Sie zu sagen haben, und Ihre Human Brand unterscheidet sich klarer von anderen Human Brands.

Wenn Sie gern lange Briefe schreiben oder häufig Konzepte, mit denen Sie potenzielle Auftrag- und Geldgeber überzeugen wollen: Mit weniger Fleißarbeit und mehr plakativen Geschichten zum Anfassen erzielen Sie mehr Wirkung. Oftmals lese ich von Berufs wegen ein Buch, Sachbuch oder Ratgeber, bei dem sich der bienenfleißige Autor viel Mühe gegeben hat. Da steckt auch unheimlich viel drin. Aber es berührt mich nicht. Die Informationen sind zwar klar, richtig und wichtig, treffen aber beim Verarbeitungsversuch sehr früh irgendwo in meinem Hirn auf das Egal-Zentrum. Dann fliegen sie zum ersten Seitenausgang wieder raus, als ob ich bei IKEA bereits nach der Küchenwelt ganz plötzlich keine Lust mehr habe, alle anderen Wohnwelten auf dem mühsam aufgebauten Parcours links liegen lasse und lieber gleich durch die versteckte Stahltür zur Linken die Direttissima zu zehn Stück Köttbullar mit Salzkartoffeln, Rahmsoße und Preiselbeeren nehme. Bis nachher am Kinderparadies, Liebling! Kennen Sie das? Dann schaffen es die Wohnwelten bzw. das Buch nicht, Sie zu berühren. Solche Fleißbücher gibt es zu Hunderten, sie belegen die Regalmeter bei der Erlebnisbuchhandlung Ihres Vertrauens. Andere Autoren, ich kenne sie persönlich, schreiben Ihr neues Buch mit *Spiegel*-Bestsellerlistenqualität in 35 Arbeitstagen. Das schafft es dann tatsächlich auf die Liste, obwohl der Autor lange nicht so fleißig war. Aber er schreibt auf seine Weise, ganz persönlich und eingängig, erzählt Geschichten, sodass wir berührt werden und beim Lesen ein Film im Kopf abläuft. Vieles vom Inhalt ist dabei vielleicht gar nicht so neu. Aber er ist eingängig. Und die Lampe bleibt brennen, wir werden gar nicht müde und rücken das Kopfkissen noch einmal zurecht und lesen das Buch in einem Rutsch durch.

Geschichten erzählen kann man lernen. Von den Nachtmärkten in Bagdad und von den Menschen, denen Sie selbst gern zuhören. Hier kommt das *aktive* Zuhören ins Spiel, eine ganz große Kunst: Ohren spitzen und den Mund halten, durchaus auch mal so lange, dass Sie den Ohrenspitz- und Mundhaltewettbewerb für sich entscheiden würden. Außerdem ist wichtig, was mein Patenonkel Julius immer sagte, wenn ich zurück war aus der neuen Welt und ihn besuchte: »Christoph«, sagte er zum Abschied, »denke immer daran: Was man mit Augen und Ohren klauen kann, soll man klauen. Dafür kommt man nicht ins Gefängnis!« Das ist einer der Anker meines Patenonkels Julius. Er lebt nicht mehr. Wenn wir in der Heimat zusammensitzen, kommen wir oft auf seine Redensarten mit dem hohen Wahrheitsgehalt. Und – ich erzähle Ihnen hier die Geschichte, sie breitet sich vielleicht aus. Außerdem sind Kinder sehr gute Vorbilder, wenn es um einfache und wirkungsvolle Erzähltechniken geht. Sagen Sie es Ihrem Volke so, als ob Sie es einem Kleinkind sagen wollen (natürlich ohne Ei-wie-fein und Dutzi-du), unterstützt von Armen und Beinen, Mimik und den ganzen sonstigen nonverbalen Kommunikationsmitteln, die Ihnen zur Verfügung stehen. So einfach darf es sein in aller Welt, in der gefühlt alles so komplex und kompliziert ist. Ihre Zuhörer werden Sie lieben dafür.

Es gibt viele exzellente Beispiele. Die Vorträge und die Hörbücher herausragender Speaker leben von den Geschichten, die nur sie so erzählen, wie sie sie erzählen. Vom Aufbau und der Systematik können Sie sehr profitieren. Eine meiner Lieblingsgeschichten ist die von Sabine Asgodom und ihrem Anker, dem »schilfgrünen Seidenkleid«. Sie hören sie auf ihrer Website www.asgodom.de, und währenddessen ist es, als wären Sie live dabei in der NDR-Talkshow in Hamburg. *Das* ist Storytelling!

MERKE

- Hoffentlich sind Sie nicht perfekt. Überlegen Sie, ob Sie aus dem, was Sie nicht perfekt sein lässt, Ihr größtes Kapital machen können.
- Es gibt nicht den guten und den schlechten Anker; es gibt nur den passenden und den nicht passenden.
- Die einfachsten Anker sind die besten; genau wie die, die wenig kosten.
- Hören Sie Kindern beim Erzählen zu. Da finden Sie alle Techniken zum Storytelling, die Sie brauchen.
- Überlegen Sie sich die drei schönsten und wirkungsvollsten Geschichten für Ihr Storytelling. Gut geeignet ist selbst Erlebtes: Man erzählt es gern weiter, wenn man von Ihnen spricht.

MEINE DREI GEDANKEN

____

____

____

AKTION

Kreieren Sie Ihre Vorstellungswelt von Ihrer Human Brand! Bestimmt kennen Sie das: Wenn Sie an etwas ganz Bestimmtes denken, haben Sie plötzlich ein Bild im Kopf. Fast schon real, wie im Traum und gleichzeitig halb wirklich. Bilder im Kopf haben wir, wenn wir auf dem Sofa liegen und einmal gar nichts tun außer nachdenken. Dann wandern die Gedanken. Wir haben auch welche, wenn wir an unsere Wünsche denken und uns ausmalen, wie sie in Erfüllung gehen. Oder wenn wir uns vorstellen, gerade jetzt ganz woanders zu sein, am Strand bei glühender Hitze etwa oder in den Bergen bei Sonnenaufgang.

Genau wie die Bildwelt macht Ihre Vorstellungswelt mit den Bildern im Kopf die Marke noch griffiger. Auch hier geht es um die Empfindungen mit allen Sinnen, wieder eher um die emotionale Seite Ihrer Soll-Marke: Im Internet stehen im Downloadbereich 20 verschiedene Vorstellungswelten zur Wahl. Wählen Sie die drei stimmigsten aus, die Ihre Marke am allerbesten interpretieren und illustrieren werden. Beispiele für Ihre Vorstellungswelt finden Sie im Kapitel »Beispiel: Drei Menschen und ihre Human Brands (II)«, Seite 227 ff.

Hier geht es wieder nicht darum, was Sie mögen oder was Sie tun: Es ist vollkommen egal, ob Sie Motorrad fahren oder bergsteigen, ob Sie gedrechseltes Holz mögen oder Paris; ob Sie lieber vor Elba segeln oder vor Helgoland. Vielmehr geht es, und das sagt schon der Name, um Ihr Bild im Kopf, übertragen auf Ihre Human Brand. Beispielfragen dazu:

- Wenn ich an meine Marke in zwei Jahren denke, habe ich dann das Bild vom Hochseesegeln vor Elba im Kopf? So kraftvoll, so frisch, so europäisch, so gewaltig ... Oder eher so schwankend, so schwindelig, so passiv und sich selbst überlassen ...
- Ist es das Bild von der gedrechselten Holzbank auf der blühenden Alpenwiese? So natürlich, so unverfälscht, so würzig, so echt ... Oder eher so spießig, so banal, so bierdimpflig ...
- Ist es das von Omas Apfelkuchen? So heimelig, so unverfälscht, so duftend, so kindlich ... Oder eher so von gestern, so langweilig, so piefig ...
- Ist es das von Oliver Kahn? So stark, so polarisierend, so sportlich, so wandlungsfähig ... Oder eher so aufgesetzt, so reich, so verdorben, so kleinkariert ...

Und: Es gibt wieder kein »Besser« und kein »Schlechter«; es gibt nur Sie. Am besten schließen Sie die Augen, wenn Sie die Bilder im Kopf wirken lassen. Drucken Sie Ihre drei stimmigsten Bilder aus und hängen Sie sie an die Markenwand. Wie wirken sie? Wie unterstützen sie Ihre Marke zusammen mit den anderen Modulen?

Erfolgsfaktor 8 – Klappern: Werde Aktivist!

Auf dem Weg zu Ihrer Human Brand wird immer offensichtlicher: Beim Wettrennen des Lebens schafft es nicht der Fleißigste und auch nicht der Beste aufs Treppchen. Das klappt schon gar nicht, wenn Sie irgendwann vor lauter Stress und Hetze um Ihr Leben rennen und das vielleicht sogar lange Zeit gar nicht bemerken. Vielmehr bekommen diejenigen die Blumen, die zum einen Wahres, Schönes, Gutes bewegen, zum anderen fortwährend davon berichten. Das beste Lokal kriegt keine Gäste, wenn es keine Website hat, keine Anzeige schaltet, keine Öffentlichkeitsarbeit macht, der Michelin und der Gault Millau nicht vorbeischauen und sowieso keiner den Weg kennt. Der beste Roman wird nicht gelesen, wenn der eremitische Autor auf einer Berghütte im Schein des Kerzenstumpens in die Tasten haut, zuvor kein Exposé von seinem Werk schreibt, diese nicht vorhandene Kurzbeschreibung nicht an einen Literaturagenten oder direkt zu einem Verlag schickt und Sie sich zum Schluss an dem Buch nicht erfreuen können, weil die ganzen betippten Blätter noch auf der Berghütte liegen und der Senner eines kühlen Tages seine Stube damit wärmt. Der beste Projektmanager kommt auf keinen grünen Zweig, wenn seine Beschlussvorlagen zwar immer bestens prima sind, der Abteilungsleiter aber damit auf der Vorstandsetage glänzt und die ganzen Meriten einheimst. Dann bleibt der Projektmanager Beschlussvorlagenhersteller, was ganz in Ordnung sein kann, als Funktionsbezeichnung aber nicht so recht auf diese feine blindgeprägte Visitenkarte passt, wie sie der Führungskraftebene II vorbehalten ist. Muss es auch nicht, denn er ist und bleibt ja FK III.

Klappern gehört zur Marke! Ihr Klappern, das sind Ihre ganzen Aktivitäten, die ganzen Wellen, die Sie machen, die Ihr Marken-Ei auslöst. Es zieht die ersten Kreise Herausstellung, Gesellschaftsbeitrag und Markencredo, Bildwelt, Vorstellungswelt und Radiospot (siehe »Aktion«, Seite 175). Dann kommen Ihre Aktivitäten, und die schlagen, je nach Gehalt und Botschaft, gewaltig ans Ufer oder plätschern leise heran. Im Orchester sind alle gleich wichtig, und im Konzert ergibt sich Ihr persönliches Wellenspiel, das dem Wasser Ihre Zeichnung gibt, unverwechselbar, wie sie nur einziges Mal zu sehen ist, zu hören auch, zu schmecken, zu riechen und zu fühlen. Für alle Menschen, die am Ufer Ihres Teiches stehen und Ihre Wellen mit allen Sinnen wahrnehmen.

Dafür, dass das Realität wird, sollten Sie einiges tun. Es ist durchaus aufwendig, gehörig schwierig, auch mal kompliziert. Niemand außer der Handvoll Menschen, die Sie in Ihrem Herzen tragen, wartet auf Sie. Sie müssen anstinken gegen 50 Millionen Einträge »Marke« bei Google, 3 000 Markenbotschaften, denen jeder Ihrer Mitmenschen bereits ohne Ihre Botschaften jeden Tag ausgesetzt ist, und 38 000 neu angemeldete Marken jedes Jahr. Richtig so, sonst könnte es ja jeder – und jeder würde es tun. Sie sollen doch als Human Brand einen Vorsprung haben bei der Gestaltung des Lebens Ihrer Wahl! Da wird es Sie beruhigen, dass es auf der anderen Seite alles andere als aussichtslos, hoffnungslos, vergebens, gar utopisch (und was es sonst noch an destruktiven Adjektiven gibt) ist, sich das richtige Gehör und die optimale Wahrnehmung zu verschaffen. Viele Wellen schlagen Sie sogar bereits, ohne dass es Ihnen in dieser Form bewusst ist. Ab jetzt orchestrieren Sie die Wellen zu Ihrem Human Branding Konzert, nutzen und bündeln die Kräfte und gehen, bei aller notwendigen Intuition, im besten Maße geplant vor. Spaß macht das allemal. Und mit seiner ganz eigenen »Wassermusik« hat ja schon ein ganz anderer Komponist seine Marke übersetzt, übertragen, wirksam und spürbar gemacht: Georg Friedrich Händel.

Wenn Sie erst ganz genau wissen, wofür Sie mit Ihrer Marke stehen – streuen Sie es clever und smart unter die Leute (zum Beispiel auch auf der Basis Ihres Radiospots)! Das muss nicht so laut und unbarmherzig sein wie in der Speakers' Corner im Londoner Hyde Park. Da war ich neulich wieder im Zuge meines Besuchs auf der Kunstmesse Frieze. Und da stand er dann, der Aktivist, im strömenden Regen auf seiner Jaffa-Kiste, und klapperte und klapperte und klapperte … Manchmal steht da noch ein zweiter Aktivist, dann klappern sie fröhlich miteinander oder, je nach Stringenz, Kongruenz und Vehemenz der Argumentationsketten, auch gegeneinander. Buchstäblich über Gott und die Welt, rührselig und rührig. Dabei kriegt keiner seine Herausstellung und seinen Gesellschaftsbeitrag übersetzt, bringt keiner die Marken-PS auf die Straße, die Botschaft rüber. Was ich schade finde, weil ich Menschen schätze, die ihre Zeit dafür hernehmen, andere zu erreichen und sich darüber, wenn schon nicht materiell, dann aber hoffentlich und wenigstens geistig zu bereichern. Die Menschen im Hyde Park jedoch eilen vorbei, einige schütteln den Kopf und einige, dafür sorgt die Gruppendynamik, machen sich lustig.

Verkünden Sie lieber etwas hintergründiger und subtiler Ihre Essenz, auf den Punkt gebracht durch Ihr Markencredo, gelebt durch Ihre verbale und nonverbale Kommunikation, ungleich vernehmbarer, interessanter und unmissverständlicher. Achten Sie dabei auf die Orte, auf die Gelegenheiten und die Menschen, denen Sie dort begegnen. Je nach Konstellation bedarf es nämlich immer anderer Inhalte, des lauteren oder des leiseren Klapperns. Manchmal braucht es schon die ganze Packung »Meine Marke, jetzt 25 Prozent mehr!«, ungebremst und ohne Netz und doppelten Boden. Oftmals ist eher das Marken-Portiönchen in gut beiß-, kau- und verdaubaren Bissen das Richtige. Dann überfordern Sie die andere Seite nicht. Das passiert bei Produkten mit viel und lauter Werbung gern: Sie ist grell, und man fühlt sich schnell belästigt. Es kommen immer neue Botschaften, während die bereits gesendeten noch gar nicht vollständig empfangen, noch gar nicht kontrolliert, evaluiert und verarbeitet sind. Bei menschlichen Marken ist das vergleichbar:

Manche sind unglaublich laut. Dabei liegt in der Markenkraft die Ruhe (siehe nächstes Kapitel), und Sie können sich viel Zeit dafür nehmen, Ihre Marke zum Erblühen zu bringen.

Wahrgenommen werden Sie immer irgendwie. Es braucht allerdings gehörig Zeit, bis Sie in dem gigantischen Rauschen überall um uns herum so wahrgenommen werden, wie es Ihrer Marke und damit Ihrer Persönlichkeit entspricht. In einer Art und Weise also, die nicht irgendwie immer etwas von allem ist, dabei aber diffus und verschwurbelt. Vielmehr derart, dass diese Wahrnehmungen wirkungsvoll sind und auf Ihre Marke »einzahlen«, das heißt den ultimativen Gesellschaftsbeitrag, der mit dem Markenkern ausgedrückt wird, glasklar kommunizieren und dem Gegenüber etwas bringen. Das im Privat- wie im Berufsleben. Da ist sie dann wieder, die Relevanz, die ein Produkt benötigt im Markt, um zu interessieren. Diese Relevanz haben wir für den Menschen als seinen Gesellschaftsbeitrag übersetzt. Human Branding brauchte von der ersten Idee – beim Denken habe ich immer die besten Ideen – bis zur Website, zum präsentationsreifen Vortrag, dem ausrollfertigen Inhalts- und Ablaufplan für das Seminar und den Bausteinen fürs Coaching gut und gern zwei Jahre. Wobei ich mich in der Zeit nicht ausschließlich hierum, sondern auch um etliche andere Dinge und Themen kümmerte. Und dann? Alles war fertig, und es passierte – nichts. Dort draußen gibt es gefühlt eine Million Vortragsredner, zwei Millionen Trainer und drei Millionen Coaches. Und wenn Sie Architekt oder Rechtsanwalt sind, gibt es plötzlich Millionen Architekten und Rechtsanwälte. Es ist wie mit dem Wohnmobil: Sobald sie sich eines kaufen wollen, stehen plötzlich die Straßen voll mit Wohnmobilen. Auf einmal gibt es unendlich viele Ausführungen und unterschiedliche Angebote. Sie wissen überhaupt nicht mehr, was Sie genau wollen und wo es langgeht. Schwierig für die Anbieter, sich abzuheben von den anderen. Und schwierig für die Nachfrager wie Sie, den entscheidungsfähigen Überblick zu gewinnen.

Also brauchte es noch einmal ein Jahr, bis die ersten Human Branding Seminare gehalten waren und das Konzept immer feiner entwickelt war. Die ersten Coachings hatten stattgefunden, die Buchungen für Keynotes wurden mehr. Das fiel zusammen mit dem gesteigerten Interesse der Medien. Hier sind sie dann wieder, die berühmte Henne und das berühmte Ei, und in diesem Fall war weder die eine noch das andere zuerst da, sondern sie tauchten zum selben Zeitpunkt auf – die Themen-Henne und das Medien-Ei. Sie bedingten einander und wurden gemeinsam groß und stark. Mehr Zuhörer, Teilnehmer und Coachees kamen, zuerst vor allem über Empfehlung. Presse, Funk und Fernsehen bekamen Wind, weil jeder jemanden kennt, der jemanden kennt, der bei der Zeitung oder beim Sender ist. Eines Tages brach das Eis, als die *Süddeutsche Zeitung* eine halbe Seite über Human Branding in ihrer Wochenendausgabe abdruckte. Ich fand den Artikel furchtbar, viele Kollegen und Klienten fanden ihn toll. Später machte das *Handelsblatt* meine Kolumne »Mensch, Marke!« über die stillen Unternehmenslenker und ihre soften Qualitäten. Es folgten weitere Zeitungen und Magazine, Radio und Fernsehen. Das ist toll und braucht vor allem eines: Geduld und Spucke. Vor allem macht es, wenn Sie von Ihrer Marke und Ihren Ideen überzeugt sind: verdammt viel Spaß.

Dabei schreibe ich hier noch nicht einmal von meiner Marke als solches, mit all ihren Ausprägungen und Wellen, Themen und Bereichen. Vielmehr ist Human Branding lediglich ein Ausschnitt davon, etwas, was einen größeren Teil meiner beruflichen Tätigkeit ausmacht und sich darüber hinaus auch ins Privatleben zieht. Schließlich trete ich den Menschen ganz anders gegenüber und beobachte sie ganz anders als noch vor Jahren, seit ich viel mehr Wissen über das menschliche Miteinander habe und derart viele unterschiedliche Kommunikationsmethoden, Anwendungsmöglichkeiten und Wirkweisen kenne. Ich werde gefragt, was wir bei Human Branding eigentlich genau machen. (Sie könnten schon die Antwort geben.) Dazu kommt die Erfahrung aus der Arbeit mit den Menschen: Ich lerne immer dazu und reife mit meiner Marke. Das spüren auch die Menschen in meinem näheren privaten Umfeld. Die zwei oder drei, die meine regelmäßigen Rückmelder sind (schließlich habe ich auch einen blinden Fleck) und mein besonderes Gehör finden, spiegeln es mir auch. Das ist mir wichtig – die interne Kommunikation und damit auch das vertraute Feedback-Gespräch kommt vor der externen, wie wir im Kapitel »Das Marken-Ei« gesehen haben: Und das gilt natürlich nicht nur für Produkte: Quartalsweise berichte ich meinen Rückmeldern deshalb, welche Überlegungen ich habe und was ich tue und plane. Dann reden wir lange darüber, inwiefern das meiner Marke, meiner Herausstellung und meinem Gesellschaftsbeitrag entspricht. Wir besprechen die großen Ziele und die kleinen Teilziele auf dem Weg dorthin. Alle gehören regelmäßig nachjustiert, und dafür ist während eines solchen Gesprächs die richtige Gelegenheit. Genauso wie bei meinen Aktivitäten und Maßnahmen, die dann folgen: neu priorisieren, gehaltvoll aufladen, alles Notwendige für die Umsetzung vorsehen. Auch das ist Klappern.

Nun gibt es auch für Sie zahllose Möglichkeiten, zum Aktivisten zu werden. Aber nur wenige machen wirklich Sinn, und das auch nur in logisch und wirkungsvoll aufeinander abgestimmter Form. Über die üblichen Klappermechanismen von Website, Visitenkarte, Flyer und Broschüre bis hin zu Weihnachtskarte und Geburtstagsanruf gibt es reichlich Fach- und Ratgeberliteratur. Hier kommt es vor allem darauf an, das wenige wirklich Sinnvolle zu tun. Ihre Marke wird Ihnen die hilfreichen Leitplanken bei der Entscheidung darüber bieten, wie viel Energie Sie wo hineinstecken. Darüber hinaus gibt es die ungewöhnlichen, die kleinen, die wohlüberlegten und charmanten Dinge, die oftmals die effektiveren sind und außerdem ganz leicht von der Hand gehen.

Hier die zehn wirksamen Kleinigkeiten, die zu mir und meiner Marke passen:

1. *Mitmenschen überraschen:* Wenn ich Zeitung lese, lese ich sie für mich und für die Menschen, die ich schätze. Dann bin ich Eichhörnchen und reiße hin und wieder etwas heraus, wovon ich weiß, dass ich damit dem Menschen, an den ich beim Lesen denke, eine Freude mache. Zusammen mit einigen handschriftlichen Worten setze ich dann diesen Anker. Die Chance, dass er sich festkrallt, ist umso größer, je besser ich darüber Bescheid weiß, was meine Mitmenschen über werktags von 9 Uhr bis 17 Uhr hinaus interessiert und fasziniert.

2. *Warmherzig bedanken:* Ich finde es ganz wundervoll, nach einer formidablen Einladung oder in dem Fall, in dem mir jemand einen Gefallen getan hat, einige Zeilen zu schreiben. Dafür habe ich meinen Füller, Kalligrafie, flache Spitze 1,1 mm, mit dem meine Handschrift am schönsten ist. Und die Karten samt Umschlägen hat die beste Art-Direktorin gestaltet, die ich kenne. Das kostet etwas Mühe und überschaubares Geld. Die Empfänger meiner Karten sind meist ganz beseelt davon, dass es so etwas noch gibt, und nicht nur Massen-Neujahrsmails, bei denen man im »An«-Feld sogar noch die ganzen Empfänger sehen kann.
3. *Weihnachtspost abschaffen:* Zu Weihnachten verschicke ich im Büro das Gleiche wie privat – nichts. Zu der Zeit bin ich nämlich so gehetzt und latent genervt wie alle, und die noch so feinen Karten und der teure Vino machen nur Mühe und gehen dann unter. Aber im neuen Jahr, wenn alle wieder gehen können und den Kopf frei haben für eine Botschaft, verschicken wir zum Beispiel die sehr kleine Auswahl handgeschöpfter Pralinen vom Lieblingspralinenmacher Elly Seidl in München, zusammen mit einer handgeschriebenen Karte. Privat mache ich das auch, dann ohne Pralinen, dafür auch mal mit einem Foto. Und die Weihnachtsfeier mit der Firma machen wir Ende Januar.
4. *Wahre Machthaber begeistern:* Wenn ich beim Mandanten bin, bringe ich manchmal etwas mit. Aber nicht dem Vorstand, sondern dem Pförtner und der Sekretärin. Das kann der Schokoladen-Maikäfer für den Schreibtisch oder das Osterglockentöpfchen für den Tresen sein. Oder ein Stück Pflaumenkuchen ohne Sahne vom besten Konditor am Ort. Das macht Spaß und auch ganz viel Sinn, ganz einfach deshalb, weil es ohne diese Menschen keinen Mandanten gäbe. Zumindest keinen Zutritt und keine freie Leitung zu ihm. Also sind die Pförtner und die Sekretärinnen (nicht zu vergessen die Hausmeister) die wahren Machthaber in Deutschlands Wirtschaftsleben. Lasst sie uns auch so behandeln!
5. *Früher eintreffen:* Eines meiner wirksamsten Erkennungszeichen ist mein »5-vor-Anker«. Ich komme nicht zu spät, sondern im-

mer fünf Minuten zu früh. Dann ist Zeit für die »Bordsteinminute« aus dem Kapitel »Erfolgsfaktor 5 – Qualität«. Ich kann mich vor dem Haus noch einmal umsehen und in Ruhe nach dem Klingelknopf und dem Aufzug sehen. Oder ich gehe schon mal rein und plaudere noch ein wenig mit den wahren Machthabern in Deutschlands Wirtschaftsleben. (Tun Sie es mir gern nach, aber belassen Sie es auch bei fünf Minuten, sonst ist es lästig.)

6. *Verspätungsverantwortung übernehmen:* Wenn ich doch einmal zu spät bin, weil die Bahn nicht kam, weil mich jemand zugeparkt hatte oder ich im Stau stand, bitte ich meinen Gastgeber zuerst um Entschuldigung, dann gestehe ich ihm, dass ich nicht rechtzeitig aufgebrochen bin, und dann sage ich vielleicht noch, was passiert ist. Diese Reihenfolge ist mir wichtig, weil das Bahn-Parkplatz-Stau-Argument doof ist. Es liegt zuallermeist allein an mir, dass ich pünktlich bin oder nicht. Außerdem gilt der weise Satz, der jahrelang dick und fett gesprayt auf der Brücke über die A66 zwischen Mainz und Wiesbaden stand: »Du stehst nicht im Stau, du bist der Stau!«.
7. *Klarheit fördern:* Wir machen im Büro einmal im Monat eine Beklagerunde, in der alles auf den Tisch kommt, was uns ärgert. Alles soll und muss raus! Einzige Bedingung: Hinter der Beschwerde, Klage, Motzerei muss immer ein Komma sein, und dann muss ein ganz konkreter Wie-machen-wir-es-besser-Vorschlag kommen. Den diskutieren wir in der großen Runde, anschließend treffen wir unsere Vereinbarung. Das funktioniert ganz prima. Eine solche »Kotzstunde« wirkt zum Beispiel auch Wunder in Ihrer Beziehung, im Sportverein, am Freiberufler-Stammtisch und bei der Eigentümerversammlung.
8. *Traditionen leben:* In der Firma haben wir einen Newsletter, wie Tausende andere auch. Aber nicht online, sondern ganz altmodisch auf Briefpapier, mit persönlicher Ansprache und einer echten Briefmarke. Nie mehr als eine Seite. Der Erfolg: Viermal im Jahr fühlen sich unsere etwa 1 000 Netzwerkpartner und Mandanten, Pressekontakte und Interessenten gut informiert und sprechen uns auch immer wieder darauf an. Wir müssen durch

keinen Spamfilter, und wir haben noch keine einzige böse Antwort wegen unerbetener Reklame bekommen. Dabei kostet unser Newsletter nur den guten Willen, die ungewöhnliche Idee, das Briefpapier mit der aufmerksamkeitsstarken dunkelbraunen Rückseite und das Porto.

9. *Nein sagen:* Bestimmt erleben Sie das auch – oftmals will jemand mit Ihnen »mal wieder auf ein Bier« oder »auf einen schnellen Kaffee« vorbeikommen. Oder Sie laden diese Jemands sogar dazu ein, weil man das halt so macht beim Verabschieden am Telefon. Eine Floskel, Redensart halt. Dann sitzen Sie da beim Bier oder beim Kaffee und ahnen, wie es ausgeht. Zeiträuberei! Vielleicht sogar für beide Seiten. Meine Leber und mein Blutdruck machen diesen Brauch in der hohen Frequenz nicht mit, so viel Bier und Kaffee, wie es Gelegenheiten dazu gibt, verträgt kein Mensch. Ich spreche solche Einladungen inzwischen sehr selektiv aus und nehme sie sehr selektiv an. Alle anderen sage ich klar und fair ab.
10. *Mitgliedschaften auswählen:* Ich muss gar nichts, und Sie müssen auch nichts. Schon zweimal nicht in Vereinen rumeiern, wenn Sie nicht möchten. Davon hat nämlich keiner was. Gut ist, dass sich die Netzwerkstruktur sehr verändert hat, von früher formell im Segel-, Golf-, Rotary-Club zu jetzt informell, wild und quirlig durcheinander, ob im realen Leben oder auch im Netz. Jeder Mensch findet die Verbände und Vereinigungen, die ihm wirklich taugen, das Herz erfrischen und ganz nebenbei Geschäftskontakte anbahnen. Es sind welche mit Satzung und Versammlung oder ganz einfach lose Zirkel, ganz nach Gusto. Und mit Ihrer starken Marke wissen Sie nun auch ganz klar, wo es Sie wirklich hinzieht.

Das sind die kleinen und mittelgroßen Aktionen, wie sie mir liegen. Ihre Aktivitäten-Hitparade sieht mit der Zeit vermutlich ganz anders aus. Aber sie ist sicher nicht minder gehaltvoll, wächst und gedeiht, lebt mit Ihnen und Ihrer Marke. Ich freue mich, wenn Sie mir Ihre frischen Highlights, Ihre ganz persönlichen Markenerfolgsbringer, fernab von allem Alltäglichen und Gewohnten, zumailen – oder sogar mit Ihrem schönsten Füller auf Ihre schönste Karte schreiben und mit der Post schicken (Adresse siehe www.human-branding.de).

MERKE

- Wenn Sie etwas zu sagen haben – sagen Sie es! Laut und mit Händen und Füßen!
- Überlegen Sie genau, wo das Klappern wirklich lohnt, was Sie tun und was Sie sagen. Ihre Markenpersönlichkeit unterstützt Sie dabei.
- Nutzen Sie Ihre Bühnen, die kleinen und die großen. Stimmen Sie Ihr Klappern feinfühlig auf die Gelegenheit und vor allem auf Ihre Zuhörer ab.
- Wiederholung verstärkt: Konzentrieren Sie sich auf Ihr Thema, und beklappern Sie es in all seinen Facetten.
- Verfassen Sie Ihre persönliche Liste mit den zehn wirksamen Kleinigkeiten.

MEINE DREI GEDANKEN

____

____

____

AKTION

Drucken Sie das Arbeitsblatt 14 »Mein Radiospot« aus und entwickeln Sie Ihren Radiospot. Der Spot darf – wie im richtigen Radio – 30 Sekunden lang sein, mehr nicht, gern auch kürzer. Sie wollen, auch wie im richtigen Radio, mit diesem Spot

- einen anderen Menschen auf sich aufmerksam machen,
- ihn dazu anregen, sich näher mit Ihnen zu beschäftigen,
- bei ihm das Gefühl wecken, dass er Sie gern um sich hat.

Der Radiospot basiert auf Marken-Ei, Herausstellung und Gesellschaftsbeitrag, Markencredo, Bild- und Vorstellungswelt. All diese Markenmodule sind ja nur für Sie und die Grundlagen für alles, was Sie zukünftig tun und lassen werden. Der Radiospot dagegen kann sich in zwei Jahren tatsächlich so oder so ähnlich abspielen, wenn sich die gute oder sogar einmalige Gelegenheit dafür ergibt:

- im Aufzug – hier steht mein Traum-Arbeitgeber direkt vor mir, und jetzt habe ich Zeit bis zum 20. Stock, um ihn von mir zu überzeugen!
- auf der Party – da ist der Mensch, in den ich mich auf der Stelle unsterblich verliebt habe!
- im Büro – da sitzt mein potenzieller neuer Kunde und ist noch unschlüssig!
- im Verein – da läuft der Präsident vorbei, der für mich der ideale Meinungsmittler bei den Mitgliedern dafür ist, dass ich auch bald im Vorstand bin!

Beispiele für Ihren Radiospot finden Sie im Kapitel »Beispiel: Drei Menschen und ihre Human Brands (II)«, Seite 227 ff.

Erfolgsfaktor 9 – Kontinuität: In der Kraft liegt die Ruhe!

Eine Marke ist anfangs wie ein Kind: Wenn sie da ist, ist sie noch klein und zart, pflegebedürftig. Kümmert man sich dann liebevoll um sie und spendet man ihr Aufmerksamkeit und Wärme, wächst und gedeiht sie. Sie formt die nach der Geburt noch etwas verknautschte Hülle aus und gibt ihr Konturen. Dann ist sie schon eine richtige Persönlichkeit mit ganz gewissen Charakteristika. Ihr Profil ist auf den ersten Blick auszumachen und hebt sich von dem anderer Marken ab. Zwei Jahre dauert das etwa bei den Menschen, ebenso lange auch bei Ihrer Marke. Mit der Zeit kommen weitere Aktivitäten und Erfahrungen dazu, die Marke bekommt immer mehr Futter und lernt sich immer besser auszudrücken und sich zu behaupten. Sie reift, wird groß und erwachsen. Dann steht sie auf einmal da, prägnant und präsent, wie der Fels in der Brandung. Das sind *Sie*! Bis ein Mensch so weit ist, dauert das gut und gern 15 Jahre. Bei Ihrer Marke gibt es den 15-Jahres-Horizont: Auf diesen Zeitraum plus x sollte sie ausgelegt sein. Das gilt vor allem auch für Ihre Vorstellungswelten und Pläne, Ihre Bereitschaft, immer wieder Energie hineinzuinvestieren, Ihre Hingabe und Ihr Herz. Damit die Mühsal sich lohnt. Und das »plus x« dauert im Idealfall so lange, wie Sie leben. Weshalb sollten Sie Ihre Marke – abseits von immer notwendigen Justierungen, mit denen Sie sie an Ihre immer wieder veränderte Lebenssituation anpassen – jemals wieder aufgeben?

Ihre Human Brand ist Ihr Baby. Da liegt sie nun vor Ihnen, hängt an der Wand mit ihren vielen Teilen. Sie haben sich dazu entschlossen, die Markenregeln und die Gesetze des Marketings auf sich anzuwenden, eine starke Marke zu werden. Nun ist auf einmal die Blaupause dafür da, das Backrezept, die Hülle. Und es liegt an Ihnen, dass Sie das Haus nun wirklich bauen, die Torte backen, die Ihnen mit dem Rezept vorschwebt. In einer Blaupause kann man ja nicht wohnen, ein Rezept kann man nicht essen. Wir haben bereits gesehen, dass es alles andere als zielführend ist, wenn Sie das, wie Sie sein wollen oder sogar angeblich oder tatsächlich schon sind, überall herumzeigen: »Schaut mal her, ich habe jetzt eine Herausstellung gegenüber allen anderen Menschen und leiste einen nützlichen Beitrag zur Gesellschaft! Bitte seht euch meine Markenpersönlichkeit genau an, verspürt Großes dabei und findet mich toll, viel toller als sowieso schon!« So geht es nicht, wie schon in Kapitel »Was Ihre starke Marke leistet« beschrieben. Nicht sagen – zeigen und spürbar machen!

Wichtig dafür ist, dass Sie sich konkrete Ziele setzen – kurz-, mittel- und langfristige. Schreiben Sie sich diese Ziele auf, damit sie nicht heute so lauten und morgen so: Die Kraft liegt nicht nur in der Ruhe, sondern auch in der Kontinuität! Sorgen Sie vor allem dafür, dass Ihre Ziele all das haben, was sie dafür brauchen, um wahr zu werden; also nichts Utopisches und Schwammiges. Stattdessen sollten sie klare Visionen griffig machen.

Um zu überprüfen, ob ein Ziel erreichbar ist, empfehlen Berater und Coaches gern die SMART-Regel. Ich finde sie auch prima, weil sie gleichzeitig einfach und wirksam ist. Hier sind die fünf Faktoren eines klaren erreichbaren Ziels:

Die SMART-Regel

Spezifisch:	Was habe ich vor?
Messbar:	Was will ich wie erreichen/ wie verbessern?
Angepasst:	Wie ist das Umfeld?
Realistisch:	Wie ist die Situation?
Time-bound / zeitgebunden:	Bis wann will ich das Ziel erreichen?

Smarte Ziele sind zum Beispiel:

- »Ich möchte in vier Jahren so gut italienisch sprechen, dass ich mich in Alltagssituationen problemlos verständigen kann. Dafür

nehme ich mir jede Woche zwei Stunden Zeit (Unterricht bzw. Selbstunterricht) und fahre einmal im Jahr für mindestens zwei Wochen nach Italien. Und zwar dorthin, wo keine Deutschen sind und ich gezwungen bin zu üben.«
Dieses Ziel ist spezifisch (italienisch sprechen), messbar (problemlos im Alltag verständigen), angepasst (Unterricht und Urlaub), realistisch (nicht zu viel vorgenommen), zeitgebunden (in vier Jahren).

- »Ich will in zwei Jahren Abteilungsleiter sein. Dafür nehme ich in Kauf, dass ich montags bis donnerstags nicht vor 20 Uhr heimkomme und am Wochenende vier Stunden von zu Hause aus arbeite. In dieser Zeit gehe ich nur einmal die Woche zum Tennis und nur jedes zweite Wochenende auf die Flohmärkte, die ich so gern besuche. Außerdem werde ich darauf drängen, dass ich in drei Monaten einen Assistenten habe, der mir so viel vom Alltagsgeschäft abnimmt, dass ich mich ganz auf mein großes Ziel konzentrieren kann.«
  Auch dieses Ziel ist spezifisch (Abteilungsleiter), messbar (tatsächlich befördert), angepasst (längere Arbeitszeit und Wochenendarbeit), realistisch (Entlastung durch Assistenten, weniger Hobby), zeitgebunden (in zwei Jahren).

Ein großes smartes Ziel zieht also viele kleine Ziele nach sich, die ebenfalls smart sein müssen: Unterricht, Urlaubsziel, Feierabend, Assistent …

Dagegen zwei Beispiele von Zielen, die nicht smart sind:

- »Ich muss bis Ende des Jahres bei der Projektbearbeitung weniger Fehler machen.«
  Dieses Ziel ist zwar spezifisch (bei der Projektbearbeitung) und zeitgebunden (bis Ende des Jahres), aber weder messbar (wie viele Fehler sind es jetzt pro Projekt, wie viele sollen es höchstens sein?) noch angepasst (welche Arbeitsmittel wie zum Beispiel Kontrollinstrumente und Kollegen nehme ich zu Hilfe?) und damit auch nicht realistisch.

- »Ich will mehr Freunde haben.«
  Dieses Ziel ist zwar leidlich realistisch (mehr Freunde), aber nicht spezifisch (was ist für mich ein Freund?), nicht messbar (wie viele Freunde?), nicht angepasst (welche Aktivitäten sind in welchem Umfeld geplant?) und nicht zeitgebunden (bis wann?).

Nun – Sie gehen los mit Ihrer Marke und Ihren Zielen. Wie das geht, dafür gibt es überall in diesem Buch Hinweise und Anregungen. Außerdem kommen Ihnen während der Entwicklungsarbeit bestimmt immer wieder gute Dinge in den Sinn, die wie für Sie gemacht sind. Einiges fällt Ihnen wie Schuppen von den Augen, und vieles haben Sie ja schon immer gewusst. Nun heißt es: Machen! Damit Sie Struktur und Verlässlichkeit in Ihre Pläne kriegen, gilt auch hier: Tun Sie es schriftlich, sonst – und das ist unsere ganz natürliche Neigung – drehen Sie sich wie das Fähnchen im Wind. Viel lieber wollen Sie aber dem Wind sagen, woher er zu wehen hat, und vor allen Dingen, wohin. Dafür gibt es Ihren »Persönlichen Entwicklungsplan«. Er sorgt dafür, dass Sie sich bei Ihrer Markenarbeit unabhängig machen von Stimmungslagen und Wankelmut, gefeit sind vor den inneren Schweinehunden und das große Ganze nicht aus den Augen verlieren. Sie packen es an, und Sie tun jeden Tag etwas dafür, dass es wahr wird. Nichts Revolutionäres in der Regel, nicht »Nach mir die Sintflut«. Dafür besteht hier und heute, während Ihrer Markenarbeit, vermutlich und hoffentlich kein Anlass. Stattdessen tun Sie das tägliche Evolutionäre. Sie justieren die Markenstellschrauben eine achtel oder auch mal eine viertel Drehung. Diese Schrauben, und wo sie ansetzen, legen Sie im Entwicklungsplan fest. Da gibt es lange, mittellange und kurze. Je länger eine Schraube ist, desto mehr Zeit haben Sie fürs Reindrehen – und desto mehr Verantwortung dafür, dass Sie vor lauter Kümmern um die kürzeren die längeren nicht vergessen.

Was aber ist nun revolutionär, und was eher evolutionär? Kommt ganz darauf an, sagt Radio Eriwan. Konkreter: Revolutionär ist das, was an Ihrer Bahn rüttelt und Sie durchaus rauswerfen kann. Wie in der großen Gesellschaft und in der Politik: Manchmal kocht es derart, dass der Dampfkochtopfdeckel einfach wegfliegen muss. Ich habe eine gute Freundin, die promovierte jahrelang und kämpfte um eine ganz feine verantwortungsvolle Position im Marketing eines für Karrieristen sehr begehrenswerten Konzerns. Dann war sie Frau Doktor und wurde sogar genommen, und wir feierten mit ihr. Nach einem Jahr nahm sie Medikamente, um überhaupt noch unter der Bettdecke rauszufinden. Sie schleppte sich morgens ins Headquarter dieses begehrenswerten Konzerns und abends wieder raus. Woran es lag, am Chef, an den Themen, an elektromagnetischen Tierchen im Teppich – niemand wusste es. Sie nicht, der Notfalltherapeut nicht und wir auch nicht. Dabei wussten alle: Es lag daran, dass »es« für sie einfach nicht passte. Gott sei Dank hatte sie echte Freunde um sich herum, die sie vor noch Schlimmerem bewahrten. Eines Abends klebte sie ihrem Chef einen gelben Zettel an den Flachbildschirm: »Ich kündige, die Schlüssel sind beim Werkschutz, Pforte V. Bitte schicken Sie mir meine Papiere zu. Vielen Dank.« Sie gab die Schlüssel beim Werkschutz ab und ging für sechs Monate nach Mallorca. Dort begann sie wieder zu atmen, und zwar bis ins Zwerchfell. Kurz darauf, ganz auf Empfang eingestellt, lernte sie den wunderbaren Vater des Kindes kennen, das die beiden mittlerweile haben. Die drei leben rundum glücklich in einer nordeuropäischen Großstadt, mit wenig Job und viel Familie.

Klingt wie eine Seifenoper, ist aber das pralle Leben, live und in Farbe. Ist das revolutionär? Ich denke schon. Für Jobhopper ist es das nicht, aber sind Sie so einer? Ist es ebenso revolutionär, wenn Sie sich von Ihrem Mitbewohner trennen, mit dem Sie auch noch verheiratet sind, nachdem Sie bombensicher festgestellt haben, dass Sie nicht bis ans Ende Ihrer Tage neben ihm aufwachen wollen? Ist es revolutionär, wenn Sie nach 23 Jahren Ihren ziemlich rentensicheren Job bei diesem mittelständischen Weltmarktführer aufgeben, weil Sie diese Sackgesichter in den Chrom-Stahl-Glas-Möbeln einfach nicht mehr ausstehen können? Wenn Sie rausgehen aus der Verbeamtung mit dem Plan, eine Suppenküche am Düsseldorfer Carlsplatz aufzumachen? Wenn Sie nach Kanada gehen, und zwar, das sagen Sie dem doofen Hauswirt, »für immer«?

Die einen sagen so, die anderen so. Das liegt daran, dass es in Gottes Garten viele Plätze gibt und ebenso viele Formen von Ansicht, Empfindung, tatsächlicher und gefühlter Situation, Belastbarkeit, Definition von »revolutionär«. Es gibt kein Richtig und kein Falsch, es gibt nur Ihre Ansicht, Ihre Empfindung, Ihre Situation, tatsächlich wie gefühlt, Ihre Belastbarkeit und damit Ihre Definition. Was für den einen die Hölle ist, ist für den anderen Kinderfasching. Und umgekehrt. Deshalb ist es sehr erlaubt, dass Sie sich trennen, kündigen, in die freie Wirtschaft gehen oder nach Kanada. Oder alles zusammen. Allerdings ist das Leben ja schon an und für sich eines der härtesten, und Sie sollten es sich nicht unnötig schwer machen. Auch dafür gibt es Ihre Markenpersönlichkeit: Sie bewahrt Sie vor Kurzschlusshandlungen und fliegenden Dampfkochtopfdeckeln. Sorgt dafür, dass Sie sich die großen Veränderungen und Justierungen im nötigen Maße überlegt haben, bevor Sie sie anpacken. Und dass es eine Reißleine gibt zum Ziehen und daraufhin sogar so etwas wie ein Fallschirm aufgeht, damit Sie sich beim Landen schlimmstenfalls den kleinen Zeh brechen, nicht jedoch den Hals. Er sorgt sogar dafür, dass Sie nach der Landung, nach dem Aufrappeln und bereits im Weghumpeln ebenso greifbare wie machbare Alternativen sehen.

Das ist Revolution genug. Eine Trennung ist es immer, Halt geben hier gute Freunde und geplante Ablenkung für die harte Zeit. Eine Kündigung ist es auch, Halt geben hier ein finanzielles Polster und der Traum von der Alternative einschließlich bankgeprüftem Businessplan. Raus aus der Verbeamtung dito. Und nach Kanada geht es am freudvollsten, wenn vorher eine längere Probezeit vor Ort das Feld für die große Entscheidung fruchtbar bestellt hat. Je nach Leidensdruck ist ein solch einschneidender Schritt eine kurze Schraube, die kurzfristig und mit kraftvollen Drehungen eingedreht werden muss. Jetzt sofort, am besten mit Akkuschrauber! Das ist dann eine Gleich-Maßnahme mit hoher Priorität. Und weil alles mit allem zusammenhängt und sich alles bewegt wie bei einem Mobile, wenn Sie an einem Faden ziehen, zieht eine kurzfristige Maßnahme mit hoher Priorität viele mittel- und langfristige Maßnahmen mit mittlerer und wenig Priorität nach sich.

Ein gut geführter Persönlicher Entwicklungsplan fördert das Abwägen zwischen revolutionär und evolutionär sowie zwischen kurz-, mittel- und langfristig. In der Gesamtschau erscheinen Ihre Aktivitäten, bereits losgetreten oder zunächst noch geplant, im richtigen Licht. Zum Beispiel eine Trennung, die gut geplant trotz allen Schmerzes so besonnen wie eben nur möglich abläuft, auch hinsichtlich der Kinder, der Wohnung, der Finanzen, vielleicht sogar, indem Sie bloß aussprechen, was Ihr Partner auch denkt und nicht auszusprechen wagt … Zum Beispiel, dass die Leute in den Chrom-Stahl-Glas-Möbeln, nach einem erholsamen Wochenende begutachtet, so sackgesichtig auch wieder nicht sind und Sie es hier schon noch eine Weile aushalten, bis das Gras auf der anderen Seite des Berufslebens auch im Schatten betrachtet das Grünere ist. Oder dass Ihnen die Behörde bei genauerem Hinsehen auch die Alternative bieten kann, die auf der einen Seite Ihr just entdecktes Unternehmergen ernährt und auf der anderen Seite den Beamtenstatus erhält. Und die Sache mit Kanada funktioniert erst einmal auch teilzeitmäßig, sechs Monate hier, sechs Monate dort. Auf jeden Fall: Ihr Entwicklungsplan füllt sich mobilehaft ganz schön zackig, schneller, als Sie denken. Sie stellen um, unterstreichen hier und streichen dort durch. Ihr Plan lebt.

Jeden Tag sehen Sie Ihre Markenlandschaft an einem Ort, wo Sie oft vorbeikommen. Sie haben Ihren Persönlichen Entwicklungsplan in der Schublade im Schreibtisch immer obenauf, mit drangetackerten Blättern, Klebezetteln und Kuli in allen Blitz- und Donnerfarben (aber bloß nicht gelocht, geheftet und irgendwo im Ordner unter »P« oder »E« versenkt). Sie arbeiten mit ihm. Alle zwei, drei Monate schreiben Sie ihn in seinen ganz bunten und ganz wilden Teilen um, setzen ihn neu zusammen. Das machen Sie nach Großmutterart, offline, wirklich mit Papier und Stift und ganz ohne Software. Die wirklich wichtigen anderen Schreibarbeiten Ihres Lebens – Tagebuch, Liebesbrief, Hauskaufvertragsunterschrift – machen Sie ja auch nicht mit der Maschine.

So entsteht aus der Blaupause die Werkplanung für die einzelnen Gewerke des Hauses, das wirklich zu Ihnen passt. Mit dem Keller von Anfang an, mit der – wenn es nach Ihrer Familienplanung geht – optimalen Anzahl an Kinderzimmern und den Kosten, die Sie stemmen können. Die Bagger können anrücken, die Leute mit dem Beton und die Maurer. Dann kommen Zimmerleute, Dachdecker, Heizungsbauer, Sanitär und Elektro. Und dann der Möbelwagen. Der lädt sogar die Möbel aus, die wirklich ins Haus passen und in denen Sie sich tiefsten Herzens vorstellen können, lange zu leben. Dafür zahlen Sie dann sogar gern eine ganze lange Zeit das Darlehen ab. Genau wie mit dem Backrezept: Sie wissen, welche Torte Sie backen möchten. Sie haben das beste Rezept dafür von Ihrer Großmutter, und da steht ganz genau drauf, was Sie brauchen. Diese Zutaten kaufen Sie alle ein. Dort steht sogar, dass erst das Mehl zu der schaumigen Ei-Zucker-Masse kommt und die Aprikosenmarmelade noch lange warten muss. Sie erkennen, dass Kirschen und Sahne eine ganz andere Baustelle sind. Und was Sie dafür tun müssen, dass Ihre Kaffeegäste mit feiner Zunge bemerken, wie viel Gutes in Ihrer Torte steckt: nicht nur viel Geschmack, sondern auch Ihre ganze Hingabe und Liebe.

So sind Sie eine starke Marke von Anfang an, die immer noch ein bisschen stärker wird. Sie können sich entspannt zurücklehnen. Vieles passiert von ganz allein und Sie müssen sich keine übertriebenen Sorgen um die Wahrnehmung Ihrer Persönlichkeit und Ihrer Qualitäten machen. Thomas Gottschalk hat das früh erkannt und zog schon Anfang der 1990er-Jahre nach Malibu. Unsereins hätte das Zittern gekriegt und sich fortwährend gefragt, ob man da drüben nicht irgendwann vergessen wird und einfach nicht mehr angerufen vom ZDF. Das Gegenteil ist der Fall! Gottschalks Marke ist so einzigartig und stark und echt und Gottschalk, dass sie das genauso aushält wie gelegentliche Kritik und die immer mal wieder brodelnde Nachfolgegerüchteküche bei »Wetten dass …?«. Die Fernsehleute rufen ihn an, wenn sie genau ihn wieder brauchen. Sie fragen, ob er Zeit hat. Dann bieten sie ihm Geld. Dann schicken sie ein Flugticket, hin nach Frankfurt, retour nach L.A., gehobene Buchungsklasse, und jeweils eine Limousine zum Airport. Bei der Ankunft steht dann, so stelle ich es mir vor, der Typ mit dem großen Schild an der Stange, auf dem steht: »Menschenmarke Gottschalk« (in Deutschland) und »Human Brand Thomas« (in Amerika). Willst du was gelten, komme selten – und wenn du kommst, nähre deine Marke durch alles, was du tust, und alles, was du lässt. Thomas Gottschalk macht das perfekt.

Besonders beeindruckt bin ich von einer Menschenmarke, die an Kraft nicht zu überbieten ist: Mahatma Gandhi. Er hat ganz intuitiv und ganz ohne Markentechnik derart viel gut und richtig gemacht, dass er mir Vorbild bei meiner täglichen Arbeit ist. Seine Kraft spüre ich, wenn ich an den Kinofilm über sein Leben denke. Oder an seinen Satz: »Der Schwache kann nicht verzeihen. Verzeihen ist eine Eigenschaft des Starken.« Dann läuft mir das wohlige Kribbeln über den Nacken. Gandhi ist der Beweis dafür, dass es bei markenstarken Menschen nicht um Schneller, Höher, Weiter geht, sondern um das Richtige zur richtigen Zeit.

Erziehen wir ein Kind und wird es größer, erst zwei Jahre, dann 15 Jahre alt, überlegen wir uns in der Regel nicht zwischendurch, dass wir statt des Jungen doch lieber ein Mädchen hätten. Oder umgekehrt. Oder Zwillinge. Oder überhaupt kein Kind. Solchem Empfinden hat die Natur einen Riegel vorgeschoben. Stattdessen freuen wir uns darüber, dass das Kind da ist, und gehen den ganzen Weg mit ihm gemeinsam, unser Leben lang, viel länger, als wir biologisch gesehen müssten. Dafür brauchen wir ganz viel Kraft und Geduld. Manchmal, wenn uns die Wege verschlungen erscheinen und das Ergiebige nicht gleich sichtbar ist, müssen wir einfach durchhalten und uns den Glauben daran bewahren, dass alles gut ist. Erkennen wir das Gute dann tatsächlich wieder, gibt uns das die Kraft für neue Wegstrecken. Ebenso bei Ihrer Marke: Wenn nicht gleich alles rosig ist, Sie auch mal zweifeln (das dürfen Sie) oder es an der Geduld hapert – bleiben Sie dran und entwirren Sie die verschlungenen Pfade! Die Leitplanken und das Rüstzeug dafür haben Sie. Und: Solche Phasen sind zuallermeist kein Grund dafür, alles umzustülpen. Es sei denn, privat, beruflich oder wirtschaftlich stellt sich bei Ihnen tatsächlich alles auf den Kopf. Dann sollten Sie die Situation jedoch zuerst sehr genau ansehen und sich in dieser Lage von außen begleiten lassen. Zum Beispiel von einem Coach.

An wen denken Sie jetzt? Auf einmal auch an den Dalai-Lama? Denken Sie an sich! In dieser Ruhe liegt die Kraft. Fangen Sie nach Kräften an.

MERKE

- Bauen Sie die Markenarbeit in Ihren Alltag ein, wie Duschen, Essen und Bewegung. Bald werden Sie nicht mehr »ohne« wollen, und nach den zwei Jahren schauen Sie erstaunt auf das zurück, was Sie geschaffen haben.
- Kümmern Sie sich erst um die kleineren Dinge, dann um die großen. Oftmals erscheinen die großen dann mit der Zeit gar nicht mehr so rosig oder so schrecklich, wie Sie sie zuerst empfanden, und vieles erledigt sich von ganz allein.
- Gute Planung ist die halbe Marke: Verschriftlichen Sie, was Sie vorhaben. So können Sie sich immer wieder überprüfen und das ein oder andere sehr verantwortungsvoll neu gewichten.
- Lassen Sie sich von einem Experten begleiten, wenn Sie größere Umwälzungen, sogar Revolutionäres vorhaben. Das gewährleistet zusätzlichen Halt und schärft in diesem Extremfall Ihre Umsicht.
- Überlegen Sie Ihren Erlaubnisgeber für die Ruhe und die Kraft, die ganz aus Ihnen selbst kommt. Meiner ist der Dalai-Lama, welcher ist Ihrer?

MEINE DREI GEDANKEN

____

____

____

AKTION

Verfassen Sie Ihren Persönlichen Entwicklungsplan – mit kurz-, mittel- und langfristigen Zielen. Die Vorlage gibt es im Netz mit dem Arbeitsblatt 15 »Mein Persönlicher Entwicklungsplan«. Bei einem Zwei-Jahres-Horizont, den Sie beim Erblühenlassen Ihrer Human Brand haben, sind es etwa diese Zeiträume:

- kurzfristig: sofort bis in sechs Monaten
- mittelfristig: in sechs Monaten bis zwei Jahren
- langfristig: in zwei bis fünf Jahren

Damit die größeren Ziele erreicht werden können, braucht es mehr oder minder viele kleinere Maßnahmen, also Teilziele. Ganz wichtig: Die Ziele genauso wie die Teilziele müssen SMART sein:

- Was will ich erreichen? (Ziel)
- Was muss ich tun, damit ich das tatsächlich erreiche? (Teilziel/Maßnahme)

Natürlich lebt auch der Persönliche Entwicklungsplan. Legen Sie ihn handschriftlich (meine Empfehlung) oder im Computer an. Ergänzen und ändern Sie ihn je nach dem Fortschritt Ihrer Human Brand und je nachdem, was Ihnen im Lauf der Zeit wichtiger und weniger wichtig wird. Aber bitte evolutionär, mit Kraft und Ruhe; also auch mit Kontinuität und Geduld.

Erfolgsfaktor 10 – Netzwerk: Lieber ein Freund als 100 Freundchen!

Es gibt politische Parteien, da sprechen die großen Redner vorn im Scheinwerferlicht per »Liebe Freundinnen und liebe Freunde« zu den Hinterbänklern. Das verbindet, macht sie alle zu einer eingeschworenen Gemeinde. Sogar beim auch heute noch ehrfurchtsvoll beäugten Rotary Club wird Dr. Dr. Weber zu »Freund Weber« und Professor Vogel zu »Freund Vogel«. Das macht sie weniger groß und nivelliert den Zirkel an Mitgliedern auf dieselbe Augenhöhe. Während bei den Parteien mit der kollektiven Freundschaft oftmals auch das »Du« einhergeht, kann es bei Rotary durchaus beim »Sie« bleiben. Das ist auch ganz prima so, schließlich ist heutzutage alles nicht mehr ganz so trennscharf abgegrenzt voneinander, sagt man manchmal das eine und meint das andere, einmal hin zum »Du« und wieder zurück zum »Sie«.

Dabei ist ein Freund jemand, den man schätzt und mag um seiner selbst willen, also ganz ohne Kalkül aus geschäftlichen Interessen oder um welcher erhoffter Vorteile willen auch immer. Freundschaft beruht auf Zuneigung, Vertrauen und gegenseitiger Wertschätzung. Punkt. Wo all das gegeben ist, ergeben sich die wenigen Menschen, die einem ganz besonders nahestehen. Außerdem sind da noch viele andere Menschen, die gemeint sind, wenn jemand behauptet, er habe »100 Freunde«. Für sie gibt es im deutschen Sprachschatz den durchaus auch respektvollen, aber ganz anderen Ausdruck »Bekannter«. Da sind Zuneigung, Vertrauen und Wertschätzung eben nicht ganz so ausgeprägt wie bei einem wahren Freund. Bei einer Bekanntschaft stehen Kalkül, geschäftliche Interessen oder die Hoffnung auf sonstige Vorteile oftmals etwas stärker im Vordergrund. Ich plädiere für diese klare Unterscheidung, das eine ist nicht besser und nicht schlechter als das andere, Freund und Bekannter; nur eben ganz anders. Fragen Sie sich bitte einmal mit geschlossenen Augen bei einer Tasse Tee, wer für Sie die Kartoffeln aus dem Feuer holt, wenn es eng wird. Wenn Sie im Urlaub krank sind und nicht mehr mit zum Skilaufen kommen können.

(Machen die anderen dann Ihnen zuliebe einen Spieletag in der Pension?) Wenn Sie arbeitslos sind und sich die aushäusigen Freitage mit der Pizza-Connection erst mal nicht mehr leisten wollen. (Kommen die anderen dann mit Tiefkühlware und Lambrusco zu Ihnen nach Hause, und Sie alle haben Spaß am Küchentisch?) Wenn Sie sich getrennt haben und für 14 Tage eine Wohnung brauchen. (Dann ist schnell das Schlafsofa im Wohnzimmer Ihrer »Freunde« doch kein Schlafsofa, und die Schwiegermutter bleibt leider länger.)

In den letzten Tagen der Arbeit an diesem Buch breche ich mir den Arm, genauer gesagt das Radiusköpfchen rechts, bei einem filmreifen Sturz in neuen Samba-Schleichern mit spiegelglatter Ledersohle auf spiegelglattem Fliesenboden. Plötzlich dauert alles im Alltag dreimal so lange, man erdet sich wieder und weiß Gesundheit neu zu schätzen. Man wird auf einmal wundersam, zieht sich zurück, ist sich gerade selbst genug. Ich schreibe zu Hause am Küchentisch mit dem linken Zeigefinger und würde auf einmal gerade jetzt gern zum Joggen in den Olympiapark rüber wollen. Dabei habe ich es die ganzen letzten Tage, noch mit intaktem Radiusköpfchen, immer nicht geschafft. In dieser Situation rufen die Menschen an, schreiben liebe Zeilen, kommen vorbei, interessieren sich für mein Wohlbefinden, die ich zu meinen Freunden zähle. Sie stecken mich in den Wintermantel und holen mich da wieder heraus, transportieren mich zum Arzt, kutschieren mich durch Deutschland, damit ich die zugesagten Vorträge und Moderationen halten kann. Ich denke an 1995, an den Höhepunkt der Steueraffäre um Steffi Graf und ihren Vater. Da schaltete sie riesengroße Dankesanzeigen in der Tagespresse, Überschrift: »A Friend In Need Is A Friend Indeed!«, was so viel heißt wie: »Ein Freund in der Not ist ein wahrer Freund.« Den Bekannten dagegen erkennen Sie in solch einer Situation zweifelsfrei daran, dass er am Telefon sagt: »Meld dich einfach, wenn du wieder draußen bist aus dem Knast!«, wahlweise »... wenn du wieder gesund bist!« Übrigens ist ein Armbruch, lässt er sich schon nicht vermeiden, wunderbares Futter fürs Storytelling, wie Sie gerade lesen. Speziell dann, wenn er nichts mit Eis und Schnee und Schlittschuhlaufen und Skifahren zu tun hat.

Wer nicht lange fragt, sondern einfach tut und gibt und organisiert, der ist ein Freund. Der nicht nur in guten Zeiten, das können alle, sondern vor allem in schlechten Zeiten parat steht. Das ist der Mensch, den man ein halbes Jahr lang nicht gesprochen hat, und dann sitzt man zusammen in seiner Stadt und kuckt nach der Bestellung bei seinem Lieblingsitaliener erst mal gemeinsam in die Frühlingsluft; es ist der erste Abend, an dem man wieder draußen sitzen kann. Man beginnt zu reden über Gott und die Welt, trinkt noch eine Karaffe von diesem an sich sparsamen Vino Casa, bis Pietro endgültig die Bänke zusammenklappt, und man denkt sich beim Gehen: Das letzte Mal mit diesem Menschen muss letzte Woche gewesen sein! Ich habe eine Handvoll echter Freunde, und das ist ein großer Schatz. Mein »Humankapital«, wie ich es definiere, das fürs Herz und für die Seele.

Bei einem Bekannten dagegen ist das letzte Mal nicht nur tatsächlich, sondern auch gefühlt ein halbes Jahr her. Das Gespräch braucht eine Hochlaufkurve, und zur Sicherheit kommen Sie mit diesem Freundchen erst einmal auf die Anwärmthemen wie Job, Auto und Urlaub. Wenn es dann der erreichte Grad auf der Vertrautheitsskala zulässt, gelangen Sie unter Umständen noch zu Partnerschaft und Kündigung, aber eher nicht zu Krankheit, Herzensschmerz und Angst. All das an einem einzigen Abend erst recht nicht. Ein Bekannter ist ein Mensch, den man zum Geburtstag anruft und dem man auch mal eine Karte aus dem Urlaub schreibt. Ihn mal wieder einzuladen steht als »Aufgabe« im Kalender. Wenn es dann nicht klappt und zum Schluss doch wieder ein Jahr dauert bis zum Wiedersehen, ist es zwar ganz erstaunlich, wie die Zeit vergeht, aber halt auch nicht zu ändern. Ich habe vielleicht 100 Bekannte, an denen mir im engeren oder im weiteren Sinne etwas liegt. Alle Weihnachtskartenschreiber gehören also nicht dazu, alle Outlook-Kontakte auch nicht.

Wenn Sie hier auch unterscheiden, gibt es zwei gute Effekte. Der erste: Der Stress nimmt ab, dass Sie »müssen« und »endlich mal wieder« und die Party zu Ihrem runden Geburtstag groß sein muss, damit alle Freunde und alle Freundchen kommen können. Pah, Sie müssen gar nichts! Es gibt Menschen, die feiern so etwas mit exakt

fünf Leuten, bis sich die Gambas biegen, all night long. Andere gar nicht. Sie prosten sich lieber auf der Berghütte selber zu, stellen sich vor, dieser alpenglühende Abendhimmel ist das Geburtstagsgeschenk ihrer Mitmenschen, und laden ihre echten Freunde unterjährig ein, nicht nach dem Kalender, sondern wenn ihnen danach ist. Der zweite Effekt ist, dass Sie sich die beiden unterschiedlichen Typen von Mitmenschen unterschiedlich nutzbar machen können. Ich weiß, und am Anfang des Buches steht es auch: »Nutzen« klingt hier blöd. Nehmen Sie es einfach positiv und ersetzen Sie hier mit Ihrem schönsten Füller das Wort, das Ihnen am besten gefällt. (Wie gesagt, es ist ein Arbeitsbuch – Klebezettel, Eselsohren, Textmarker, Handschriftliches sind ausdrücklich erlaubt!)

Beim guten Netzwerk geht es wie bei allem, was eine starke Marke ausmacht, um Qualität. Hier sind es die persönlichen Qualitäten von Freunden und Bekannten, an denen Sie sich reiben und wachsen können. Deshalb ist die Anzahl der Kontakte nebensächlich. Gehören Sie zu der Fraktion, die im Internet bei StayFriends und Xing Leute sammelt wie früher Fußballbildchen in der richtigen Welt? Das führt meist zu nicht mehr als zu ordentlichem Kontaktverwaltungsstress. Auf einmal wollen die dann auch alle auf ein Bier oder einen Kaffee mit Ihnen, und wenn Sie sich dann noch das Radiusköpfchen brechen, wird es langsam eng. Haben Sie stattdessen lieber den Mut zum Loslassen, zum wertschätzenden Ablehnen (siehe Kapitel »Erfolgsfaktor 8 – Klappern«, Seite 164 ff.).

Meine Story zum Thema Netzwerken: Stanley Milgrams »Kleine-Welt-Phänomen«. Milgram, amerikanischer Psychologe, verschickt in den 1960er-Jahren Briefe an einen Aktienhändler in Boston. Aber nicht direkt an ihn, sondern an zufällig ausgewählte Personen in Nebraska und Kansas, in geografischer und sozialer Hinsicht also ziemlich weit weg von Boston. Er bittet sie, den Brief nicht direkt an den Börsenmakler zu schicken, sofern sie ihn nicht persönlich kennen, sondern an jemanden weiterzuleiten, der ihm ihrer Meinung nach gesellschaftlich nähersteht als sie selbst. Mehr Informationen gibt es nicht. Das Erstaunliche: Die meisten Briefe erreichen über nur sechs Stationen den Adressaten. Aus dieser qualitativen Feldstudie und weiteren Netzwerkuntersuchungen wird auch heute noch gefolgert, dass jeder Mensch jeden anderen Menschen über durchschnittlich sechs Ecken kennt. Also Barack Obama und der Dalai-Lama Sie und Sie Barack Obama und den Dalai-Lama. (Allerdings gilt das auch für Osama bin Laden und Konsorten.) Das ganze Geschäftsmodell des Kontaktportals Xing basiert auf dieser Erkenntnis, und das überaus erfolgreich. Beim Netzwerken sollten Sie es auch bedenken.

Bedenken Sie vor allem, was Sie für Ihre Kontakte tun, wie und mit wem. Aufbau und Pflege eines Netzwerks brauchen Engagement und machen Mühe. Recht so, sonst könnte es ja jeder! Sonst gäbe es keine Gelegenheit zum Wertschätzen, zum Wachsen und Gedeihenlassen und zum Sich-darüber-Freuen. Deshalb lohnt sich die genaue Überlegung, wen Sie gern in Ihrem Netzwerk haben. Wer ist Ihnen wertvoll, ganz unabhängig davon, ob er Ihnen einen »Nutzen« bringt? Für wen schlägt Ihr Herz, von wem möchten Sie mehr erfahren, gar etwas lernen? Stellen Sie diese Überlegungen zuallererst aufgrund Ihrer Markenpersönlichkeit an. Dann spüren Sie auch, wo Sie gern mitmachen möchten. Und das Netzwerken macht umso mehr Spaß.

Außerdem müssen Sie dann nicht überall Ihr Fähnchen hochhalten, wo ein Lüftchen weht.

Hier meine fünf Tipps für qualitatives Netzwerken:

1. *Verbindungen überprüfen:* Wissen Sie eigentlich, wo Sie überall herumrennen, -fahren, -sitzen und -chatten, um das zu tun, was der Mensch braucht wie die Luft zum Atmen – sich mit anderen Menschen auszutauschen? Machen Sie den Check, indem Sie einmal alle Kontakte aufschreiben. Dafür gibt es das Arbeitsblatt 16 »Mein Netzwerk-Check« in der Online-Schatzkiste. Der Netzwerk-Check verdeutlicht Ihnen auf einen Blick, was Sie den lieben langen Tag so treiben, um den Anschluss zu behalten, um Ihr Bedürfnis nach sozialen Kontakten zu stillen und neuen interessanten Menschen zu begegnen. Notieren Sie den zeitlichen und emotionalen Aufwand für jeden Kontakt und was Sie sich auf der anderen Seite davon versprechen. Wie wichtig ist er Ihnen, besonders vor dem Hintergrund all der anderen Kontakte und Ihres begrenzten Zeitbudgets? Dann klärt sich einiges auf, und Sie können angesichts dieses Überblicks guten Gewissens entscheiden, welche Fäden Sie durchtrennen, welche Sie enger spinnen möchten, weil Ihnen so viel daran liegt, und welche Sie ganz neu aufnehmen möchten.
2. *Zeit und Kräfte bündeln:* Es ist ja nicht so, dass wir für das ein oder andere »keine Zeit« *haben.* Die haben wir alle gleich, genau 24 Stunden pro Tag. Vielmehr wollen wir uns für sehr vieles keine Zeit *nehmen.* Einfach weil wir etwas anderes aus ganz zweckrationalen Gründen für wichtiger empfinden oder auch, weil das Herz sich gegen dieses sträubt, bei jenem jedoch hüpft. Also: Gehen Sie raus aus den Vereinigungen, wo Sie einmal die Woche hingehen, nett beisammensitzen, sich nett unterhalten und ganz nett was essen. Zeiträuberei! Und zwar für beide Seiten. Wie ich es mit dem Lions Club getan habe: Ich hatte einen Heidenrespekt vor dem Brief an den Präsidenten und dem anschließenden Gespräch. Zum Schluss war es klar und deutlich und respektvoll für beide Seiten. Einige Bekanntschaften aus dem Clubleben sind

mir bis heute erhalten, und man grüßt sich, wenn man sich zum zweiten Mal im Leben sieht. Ähnlich wird es Ihnen ergehen mit der Betriebssportmannschaft, dem Stadtteilausschuss, der Stepptanzgruppe …

3. *Kontakte loslassen:* Dampfen Sie lahmende Verbindungen ein, die Sie seit der Schulzeit, seit der Lehre und der Uni und von diversen Jobstationen und Partybegegnungen mit sich herumschleppen. Das ist nur Ballast, und vor lauter Kontaktverwaltung erkennen Sie die wahren Freundschaften und Bekanntschaften nicht mehr. Haben Sie also den Mut, »Stopp« zu sich selbst zu sagen. Bis hierhin und nicht weiter! Eine vor sich hin dümpelnde Bekanntschaft erledigt sich von selbst, wenn die Kontaktintervalle immer länger werden und keine der Seiten etwas dafür tut, das zu ändern. Tun Sie dann das, was der andere sich nicht traut. Wenn dieser andere allerdings weiter an Ihnen hängt, gar wie eine Klette, ist es manchmal ratsam, in klaren, aber einfühlsamen Worten zu sagen oder zu schreiben, dass Ihr Leben eine andere Wendung genommen hat und Sie sich deshalb weniger oder gar keine Zeit mehr für diese Verbindung nehmen möchten. Schön ist das nicht, aber auch nicht so schlimm, wenn Sie es klar und deutlich und gesichtswahrend kommunizieren. Eines ist es auf jeden Fall: ehrlich.
4. *Weniger ist mehr:* Entscheiden Sie sich für *eine* gute Onlineplattform. Gehen Sie in *einen* Sportverein und in *einen* Förderkreis. Die anderen Menschen werden es Ihnen danken, weil Sie dann regelmäßig kommen, echte Lust auf ein Amt haben und sich die Zeit für echtes Engagement nehmen. Davon lebt Networking schließlich. Dann verfallen Sie nicht in Schockstarre, wenn der Kassenprüfer schon wieder auf der Mailbox ist, und beantworten Mails wieder derart zügig, wie es Ihrem Anspruch eigentlich entspricht. Auch Sie können dann Ihren Beitrag leisten, viel hineinwerfen in den Eintopf. Er schmeckt nämlich nur, wenn das alle tun. Dann ist auch genug für alle da, Sie wollen schließlich auch, dass sich das erfüllt, was Sie sich versprechen: Ihre Sinnesorgane sollen satt werden und das Hirn allemal. Dann macht

Networking Spaß, als Grundvoraussetzung dafür, dass es funktioniert.

5. *Freiraum lassen:* Wenn Sie Ihren Kalender nicht so vollstopfen, bleiben Zeit und Muße für Zufalls-Networking. Das kann ganz besonders spannend und fruchtbar sein. Eigentlich wollen Sie nur schnell was holen im Supermarkt, und da passiert es in der Kassenschlange: Da steht der Mensch, mit dem Sie in drei Jahren die gemeinsame Firma gründen oder den Sie in drei Jahren heiraten werden oder beides zusammen. Wenn Sie aber vor lauter, lauter ... keine Zeit für gar nichts haben, registrieren Sie nicht, was da gerade passiert, und diese Networking-Chance zieht ungenutzt vorüber. Oder in der Mittagspause, Sie wollen eigentlich nur kurz raus auf einen Kaffee, und zwar allein ... Oder am Bahnsteig, wenn die S-Bahn wieder später kommt ... Solche Bekanntschaften können sich schnell auswachsen zu wertvollen Kontakten, die viel schöner sind als diese »Darf ich dich zu meinen Kontakten hinzufügen?«-Mails.

Machen Sie entschieden mehr reales Networking als virtuelles, entschieden mehr informelles als formelles, entschieden mehr spontanes als geplantes: Was gibt es Tolleres als die Stunden in der Bahn, die vergehen wie im Fluge, weil Sie sich mit diesem sympathischen interessanten Menschen gegenüber heillos verquatschen und darüber die Küche im Speisewagen sogar ganz ausgezeichnet ist?

MERKE

- Ein wahrer Freund ist jemand, der nachts um drei 300 Kilometer fährt, um Sie aus einer misslichen Lage zu befreien. Alle anderen sind Bekannte.
- Wenn Sie eine Marke sind und um Ihre Freundschaften wissen, können Sie milde lächeln, wenn andere mit Gästelisten prahlen.
- Denken Sie an den letzten schönen Abend mit Ihrem Busenfreund oder Ihrer Busenfreundin zurück. Sie können das öfter haben, wenn Sie sich auf das Wesentliche konzentrieren!
- Nutzen Sie die Networking-Bühnen des Alltags: Ein ehrliches Lächeln und ein fröhliches Wort können eine wunderbare Freundschaft begründen.
- Sagen Sie die unbequeme Wahrheit klar, deutlich und wertschätzend: Derjenige, der Ihr Freund sein möchte, aber bloß Ihr Freundchen ist, hat es verdient.

MEINE DREI GEDANKEN

____

____

____

AKTION

Machen Sie mit dem Arbeitsblatt 16 den Netzwerk-Check: Wen kennen Sie überhaupt und warum?

- Welcher meiner Kontakte gibt mir wirklich etwas, vor allem meinem Herzen und meinem guten Gefühl?
- Welche Menschen waren mir vor langer Zeit wichtig und sind für mich heute bloß noch Kaffee- und Biertrinker, wahre Zeitfresser?

Erstere sind die Menschen, zu denen Sie den Kontakt intensivieren sollten – vielleicht wird hier oder dort eine richtige Freundschaft daraus ... So ergeben sich smarte Ziele, zum Beispiel: »Ich möchte in drei Monaten Frau Müller eine handgeschriebene Dankeskarte für ihr schönes Weihnachtsgeschenk geschrieben und sie zusammen mit ihrem Mann zum Abendessen zu uns nach Hause eingeladen haben.«

Letztere sind die Menschen, bei denen Sie den Kontakt abschwächen oder gar abbrechen könnten (loslassen und wertschätzend ablehnen): zugunsten derer, die Ihnen wirklich etwas bedeuten.

Auch der Netzwerk-Check lebt und verändert sich mit Ihren Wünschen und Aktivitäten.

Ihre Marke soll erblühen

Jetzt haben Sie eine richtige Marke – stark, profiliert und zukunftsweisend. So herausstellend und eindeutig wie die Unternehmensmarken, die Sie schätzen: Ihr Lieblings-Baumarkt, Ihr Lieblings-Modelabel, Ihre Lieblings-Automarke. Und wie Ihre liebsten Produkte unter den Waschpulvern, den Schokoriegeln, den Winterreifen. Jetzt kann der Wettbewerb kommen, können die Zeiten härter werden: Ich bin gut aufgestellt, mir kann keiner was! Ich habe an meiner Markenwand mein Marken-Ei, meine Herausstellung und meinen Gesellschaftsbeitrag, außerdem mein Markencredo, meine Bildwelt und meine Vorstellungswelt! Nicht zu vergessen mein Radiospot, mit dem ich mein Gegenüber kurz, knapp, knackig und kompromisslos überzeuge!

Halt! Jetzt *haben* Sie zwar eine Marke, aber Sie *sind* noch keine. Die ganze Markenarbeit, soll sie wirklich Früchte tragen, ist nun alles andere als beendet. Im Gegenteil, sie fängt erst an! Weil Sie mit Ihrer Marke zwar geklärt haben, wer Sie sind, was Sie antreibt und wofür Sie brennen. Sie haben Ihren Markenkern entwickelt, Ihren Persönlichen Entwicklungsplan mit kurz-, mittel- und langfristigen Zielen und Maßnahmen aufgestellt, Ihr Netzwerk überprüft und die Leitplanken für all Ihre Aktivitäten geschaffen. Jetzt gilt die Devise »Nicht sagen – zeigen!«, ganz konsequent und ohne Ausnahme. Sie haben in Kapitel »Was Ihre starke Marke leistet« gelesen, was es bei uns Konsumenten auslöst, wenn Unternehmen in Hochglanzbroschüren und Verkäufer in langen Monologen davon berichten, wie toll sie sind: ein müdes Lächeln. Da steht auch, wie ich reagiere, wenn Sie Ihre Markenwand hochhalten und rufen: »Ich bin jetzt eine Marke!« Ich lächle müde. Ihrer Familie, Ihren Freunden, Bekannten und Kollegen geht es bestimmt genauso. Und Ihnen selbst bei anderen Menschen auch.

Damit Sie eine Marke *sind*: Zeigen Sie, wer Sie wie und warum Sie so und nicht anders sind und weshalb Sie genau das tun und sich genau so verhalten, was Sie und wie Sie es tun. Das macht der Hersteller des Produkts, das Sie schätzen, ganz genauso: Er verpackt es mit Pappe, Papier und Klarsichtfolie in einer Art und Weise, wie sie der Marke entspricht und sie übersetzt, interpretiert. Er bedruckt die Verpackung mit »zielgruppenaffinen« Farben, also solchen, die sein Käufersegment – die Leute, die er von dem Produkt überzeugen möchte – und ihre Vorlieben ganz besonders ansprechen. Durch die Folie kann man sogar ein Stückchen von dem feinen T-Shirt oder die neuen kraftvollen Megapearls für die Buntwäsche sehen: Seeing Is Believing. Der Hersteller gibt, bleiben wir beim Waschmittel, »Regalstopper« in Auftrag, die mit markigen Worten und dicken Prozent-Zeichen den Käufer direkt am Regal im Supermarkt auf das Produkt aufmerksam machen. Sowieso schaltet er Anzeigen in zielgruppenaffinen Zeitungen und Zeitschriften, die die ausgeguckten Käufer nach den Erkenntnissen der Marktforschung besonders gern lesen. Die Anzeigen sind so gestaltet, dass sie den USP und den Nutzen des Produkts ganz besonders eindeutig herausstellen. Dazu kommen die Fernseh- und Radiospots, die Probenverteiler auf den Supermarktparkplätzen, Testwochen und Treueaktionen und so weiter und so fort. Nichts wird dem Zufall überlassen, dafür war die Entwicklung viel zu langwierig und aufwendig. Die Marketingabteilung hat einen dicken Etat dafür, ihre Botschaften in die Welt der Käufer und der Verwender hinauszuposaunen. Und sie hat nur diese eine Chance, auf diesem Wege Marktanteile für das neue Produkt zu erobern, damit es nicht zu den neun von zehn Markteinführungen gehört, die ziemlich bald wieder aus den Regalen verschwinden.

Es ist wie mit dem Beispiel von BMW mit dem Marken-Ei, bei dem »Freude« als Markenkern in der Mitte steht und außen herum die Werte »Dynamik«, »Ästhetik« und »Innovation«. Genau wie BMW alle Produkte und die ganze Werbung darauf abstellt, hinterfragt der Waschmittelhersteller ganz genauso alle Marketingaktivitäten, bevor er sie startet. Er prüft,

- ob die Maßnahmen auf die Marke einzahlen, also den ultimativen Nutzen, der mit dem Markenkern ausgedrückt wird, eindeutig rüberbringen;

- ob sie sich innerhalb der Leitplanken bewegen, die die Marke mit allen Modulen festlegt;
- welche Maßnahmen die wichtigsten sind und welche noch warten können;
- wie sie idealerweise miteinander verknüpft werden, damit sie möglichst viele Attribute der Marke möglichst nachhaltig in möglichst viele Köpfe bringen.

All das tut der Hersteller, *bevor* er richtig loslegt. Tun Sie es bitte genauso. Ein wichtiges Werkzeug dafür ist Ihr Persönlicher Entwicklungsplan. Er sorgt für die optimale Abstufung und Verknüpfung der Ziele und Maßnahmen. Vor allem dafür, dass nicht alles irgendwie und auf einmal oder überhaupt nicht passiert. Und dafür, dass Sie nach bestem Wissen und Gewissen von Anfang an davon ausgehen dürfen, dass Ihre Marke erblühen wird. Sie *zeigen* sie, machen sie *spürbar*. Der Stein plumpst ins Wasser, das ist der Anfang, und dann kommen erste größere Wellen. Die kleineren Wellen, die dann für alle sichtbar bis ans Ufer des Teichs kommen, sind all die Dinge, die Sie spürbar machen.

Dafür, dass Ihre Marke erblüht, haben Sie Zeit. Bei den Gebrauchsanregungen zu Beginn spreche ich vom Zwei-Jahres-Horizont, dem Zeitraum, den eine Marke zum Reifen haben sollte. Davon, dass die Bausteine Ihrer Marke sich an diesem Horizont vereinen – diejenigen, die heute bereits da sind, mit denen, die erst noch wahr werden. Die Marke braucht erfahrungsgemäß diese Zeit, um vollends lebbar und erlebbar zu werden, für Sie wie für andere. Zeit dafür, in den Rahmen hineinzuwachsen, den Sie ihr gegeben haben. Mit Gedanken, großen und kleinen Zielen, vor allem mit größeren und kleineren Aktivitäten zum Erreichen der Ziele. Dazu gehören auch die Gewohnheiten, die Sie aufgeben, und diejenigen, die erst zu welchen werden. Es kann auch schneller gehen oder ein bisschen langsamer, das ist nicht entscheidend. Entscheidend ist, dass Sie dranbleiben und sowohl bewusst als auch unbewusst etliches anfangen und etliches aufgeben. Es ist wie beim Lernen einer neuen Sprache: Wichtig ist Kontinuität, jeden Tag einige Vokabeln wiederholen und ein paar neue dazunehmen, einige Sätze hören und sprechen und ein- bis zweimal die

Woche feste Zeiten für den Unterricht, mit sich selbst oder gemeinsam mit anderen. Dann geht Ihnen, bei der neuen Sprache wie bei der neuen Marke, vieles in Fleisch und Blut über, und schon bald tun Sie das ganz von allein, was Sie sich jetzt noch – siehe Markenwand und vor allem Persönlicher Entwicklungsplan – vornehmen.

Bei Ihren Aktivitäten gibt es zwei Bereiche:

Im *privaten Bereich* tun Sie alles nur für sich – damit Ihre Marke für Sie selbst wahr wird. Dazu gehört einiges, was Sie bereits getan haben; vor allem Persönlicher Entwicklungsplan, Netzwerk-Check und all die anderen Gedanken, Pläne und Vorsätze: Veränderungen im Job, weniger oder andere Hobbys (oder auch Ihr erstes überhaupt!), mehr Zeit für die Familie, klare Vorstellungen für die Fort- und Weiterbildung, die das Erblühen unterstützen … All diese vorbereitenden Aktivitäten sind dafür notwendig, dass die Pläne und Vorsätze im öffentlichen Bereich auch umgesetzt werden. Nicht nur spürbar für Sie, sondern für alle.

Im *öffentlichen Bereich* tun Sie alles für alle; damit Ihre Marke für die Außenwelt wahr wird. Jetzt ändern Sie einiges, tun hier weniger und dort mehr; auch ganz Neues und damit Dinge, mit denen man Sie bisher gar nicht in Verbindung gebracht hat. Sie beginnen die Früchte Ihrer Markenarbeit zu ernten. Ihre Mitmenschen nehmen Sie allmählich anders wahr; die Kollegen im Job, Ihre Familie und Menschen, die Sie kennenlernen, wenn Sie zum Beispiel mit Ihrem neuen Hobby starten. Bestimmt werden Sie gelegentlich darauf angesprochen, was da gerade passiert. Ich wünsche es Ihnen, schließlich haben Sie Relevanz und sind den guten Streit wert. So erfahren Sie neue Aufmerksamkeit, und die Antworten und Argumente finden Sie innerhalb der Leitplanken, die Ihre Marke vorgibt. Sicher wird es auch Menschen geben, die Ihre Wandlung wahrnehmen und das gar nicht gut finden. Schließlich polarisieren Sie, vermutlich mehr als jemals zuvor. Das sind diejenigen, die Ihnen nicht mehr ganz so wichtig sind, deren Plätze auf der Prioritätenskala andere Menschen und Themen eingenommen haben und denen es schlicht und einfach nicht gefällt, wie Sie sich verändern. Dann wird der klare und faire Umgang mit den Konsequenzen wichtig, indem Sie gute Argumente haben und zum Beispiel einen Kontakt zurückfahren oder ihn sogar wertschätzend abbrechen (siehe Kapitel »Erfolgsfaktor 10 – Netzwerk«).

Nun gibt es Ihre Marke. Sie erlaubt Ihnen, weniger zu tun, um mehr zu erreichen: mehr von dem, was Ihr Leben wirklich bereichert. Sie tun es auf den Gebieten, wo Ihre Gedanken, Ihr Herzblut und ihre Kraft optimal investiert sind. Nicht immer und von allem und jedem nur ein bisschen, sondern das Beste voll und ganz zur richtigen Zeit. Die Marke erlaubt Ihnen, auf ganz anderen Gebieten schwach zu sein, und das auch zu zeigen. Das macht sie echt und menschlich, man kann Sie spüren. Und für Sie ist es gar nicht schlimm, dass Sie bei vielem bloß Durchschnitt sind. Es gibt ja ganz andere Bereiche, wo Sie durchstarten und ganz vorn mit dabei sind! Das, finde ich, ist der schönste Grund zum Loslassen, einfach ganz viel gut sein lassen.

Damit Sie tatsächlich weniger bedenken, anzetteln, überdenken und tun müssen, um mehr zu erreichen, nutzen Sie die vielen Gelegenheiten des Alltags dafür, sodass Ihre Marke optimal erblüht und Sie auch genau so wahrgenommen werden. In den Kapiteln mit den zehn Erfolgsfaktoren von Human Branding gibt es zahlreiche Ideen, Möglichkeiten, Ansätze und Anlässe dafür. Sicherlich haben Sie mindestens genauso viele ganz andere Ideen. Was Sie tun, sollte in folgenden Disziplinen erfolgreich sein:

1. *Stärken stärker machen:* Sie wissen nun genau, was Sie besonders gut können, worum andere Sie beneiden und wo Sie deshalb Ihren Vorsprung nicht nur halten, sondern sogar ausbauen sollten. Das gilt für den Sport genauso wie für Ihr Wissen in Ihren Spezialgebieten, im Beruf wie privat (Thema »Hard Skills«, also rationales Können und Fachwissen). Menschen, die in besonderen Bereichen ganz besonderes Herrschaftswissen haben, üben eine faszinierende Sogwirkung auf uns aus. Bei Ihnen passiert das besonders dann, wenn Sie dieses Wissen charmant und angepasst an die jeweilige Situation – auf einem Kongress oder auf einer Geburtstagseinladung im kleinen Kreis – weitergeben, indem Sie Gesprächspartner auf selber Augenhöhe und nicht Oberlehrer sind. Damit das tatsäch-

lich so ist, kommen die »Soft Skills« (emotionale Fähigkeiten und Ausdrucksweisen) ins Spiel, die sich mit Ihren Hard Skills in dem Moment verbinden sollten, in dem wir Sie und Ihre ganze Persönlichkeit erleben. Hier ist Ihre Weiterbildung wichtig, ein Mehr und Weiteres für das, was ohnehin Ihre Stärken sind: Rhetoriker werden rhetorisch noch besser, begnadete Präsentatoren präsentieren noch begnadeter, perfekte Umgangsformen werden noch perfekter … Für Sie macht Weiterbildung jetzt Sinn, weil Sie sie geplant anpacken und wissen, was Sie tun (siehe Kapitel »Erfolgsfaktor 6 – Echtheit«).

2. *Schwächen schwach sein lassen:* Sofern Sie Ihre Stärken klar sehen und definiert haben, sind sie schon jetzt stark genug. Sie werden immer stärker und reichen in der Regel für ein ganzes Leben. Dann besteht kaum ein Anlass dafür, auf ganz anderen Gebieten auch noch der Beste sein zu wollen. Falls Sie einen Sprachfehler haben – na und? Tagesschausprecher wollen Sie vermutlich nicht werden. Sie können kein Englisch? Der deutsche Sprachraum ist doch groß genug. Außerdem können Kohl, Schröder und Merkel das auch nicht so dolle, und aus denen ist sogar auf der internationalen Bühne etwas geworden. Sie können keinen Kuchen backen? Es gibt doch Bäcker! Sie können kein Haus bauen? Es gibt doch Architekten und Baufirmen! Also: Was nicht Ihre ausgewiesene Stärke ist oder Ihr passioniertes Hobby, lassen Sie bitte für die anderen übrig. Ich selbst werde in diesem Leben nicht mehr anfangen mit Snowboarden, Golfspielen, Motorradfahren, Chinesisch, Gärtnern, Malen, Tapezieren, Singen, Klavierspielen …
3. *Bühnen finden und nutzen:* Überall dort, wo Sie sind und andere, da sind Ihre Bühnen. In der Straßenbahn genauso wie im Strategiemeeting mit der Firma oder wenn Sie vor 2, 20 oder 200 Menschen mit einem Vortrag oder Ihrer Band auftreten. Nutzen Sie diese Bühnen, und spielen Sie erst mit Ihrem Publikum und sich dann in sein Herz! Zwängen Sie sich in der fast leeren Straßenbahn direkt neben den einzigen Fahrgast und warten Sie ab, wie er reagiert! Es kann ja nicht wirklich was passieren. Probieren Sie im Konferenzraum eine neue Körperhaltung aus, wenn Sie dran sind – die Arme

einmal nicht verschränkt, aufstehen und nicht sitzen bleiben, es einmal versuchen, ohne immerzu mit den Flipchartstiften zu spielen. Ein weiteres gutes Übungsfeld: Lächeln Sie die Bäckereifachverkäuferin, bei der Sie auf dem Weg zur Arbeit Ihr kleines Frühstück kaufen, ab heute jeden Morgen ganz provokant an. Die Bäckerei ist jetzt auch Ihre Bühne! Mal sehen, wie die Dame hinterm Tresen reagiert. Vielleicht kommen Sie sogar ins Gespräch? Ich probiere mich aus, wenn ich mit Studenten arbeite. Sie sind belastbar und können viel ab, wenn ich mich zum Beispiel auf den Tisch stelle und zwei Minuten nichts sage und nichts tue. Anfangs kam ich da ins Schwitzen, mittlerweile – das Experiment mit den Studenten verlief positiv – traue ich es mich vor 400 Menschen. Es schärft meine Marke, und meine Zuhörer stachelt es zum Zuhören und Mitdiskutieren an.

4. *Muße und Ruhe schätzen:* Wenn Sie wissen, was Sie tun und warum, können Sie sich öfter einmal zurücklehnen. Weil Sie eben nicht auf jeder Bühne, die sich Ihnen bietet, singen, tanzen und spielen

müssen. Das macht gelassen, und Gelassenheit ist etwas Feines. Sie sitzen dann in Ihrem Lieblingssessel, justieren vielleicht Ihre Marke ein wenig, weil Ihnen beim Erblühenlassen etwas noch wichtiger geworden ist als bisher schon und Sie es in der Markenbauphase nicht gebührend bedacht haben. Jetzt tangiert es irgendwie alles, und Sie wollen an das ein oder andere Markenmodul noch mal ran, vor allem an Ihren Entwicklungsplan. Schließlich blüht eine starke Marke ganzjährig und dauert die Blütezeit mindestens 15 Jahre, idealerweise Ihr Leben lang, wenn Sie sie hegen und pflegen. Das können Sie mußevoll und ruhig tun. Und wenn Sie in Ihrem Sessel sitzen und einfach einmal nichts denken und schon gar nichts machen, geschieht das voller Wonne, weil Sie da draußen nichts verpassen, was Ihnen wirklich wichtig ist. Vielleicht klettert vorm Fenster ein Eichhörnchen die Bäume hoch oder im Radio läuft ein Hörspiel. Das war's dann aber auch für den Rest des Nachmittags.

5. *10-Folien-Präsentation anfertigen:* Sollten Sie Freiberufler sein, können Sie für sich und Ihre Marke Werbung machen wie der Waschmittelhersteller weiter oben, genauso effektiv und viel einfacher. Nutzen Sie dafür Ihre Markenpersönlichkeit als Grundlage, besonders Ihren Radiospot. So sind Sie immer bereit, wenn jemand Näheres über Sie wissen möchte, ohne dass er sich durch Unmengen an Exposés, PDFs und Webseiten quälen muss. Limit zehn Folien, schließlich haben die Menschen da draußen wenig Zeit. Hierfür ist Ihre Marke das Briefing, das heißt die Anleitung für die Fachleute, die Sie dabei unterstützen. Hier ist es ideal, wenn Sie die Markenunterlagen für diesen Zweck herausgeben. Dafür sind sie da! Zu einer persönlichen Präsentation gehören professionelle Fotos von Ihnen, außerdem grafische Elemente und illustrative Abbildungen, die Ihre Persönlichkeit unterstreichen, sowie der sehr persönliche Text, der Sie spürbar macht (die Marke ist die Anleitung für den Texter). Lassen Sie die Präsentation behutsam, das heißt aufmerksamkeitsstark, aber ohne überflüssige Effekte, programmieren; ohne Flash und so unnötiges Zeugs. Die Web-Fachleute wissen Bescheid, und sie kosten nicht die Welt. So haben Sie schließlich Ihre persönliche Kurz-

präsentation im Internet, und auf Anfragen schicken Sie per Mail den Link dorthin, begleitet von wenigen persönlichen Worten. Das hebt den Architekten, den Juristen, den Unternehmensberater, auch den Computerspezialisten, den Klavierlehrer und den Waschmaschinenreparierer von all den anderen Konkurrenten ab.

MERKE

- Ihr Marke ist immer nur so kraftvoll und spürbar, wie Sie sie uns alle spüren lassen.
- Der persönliche Bereich kommt zuerst. Wenn Sie hier einiges ändern und optimieren, strahlt es automatisch in den öffentlichen Bereich ab.
- Bilden Sie sich konsequent weiter – in den Bereichen, wo Sie nun glasklar besser werden wollen und Defizite sehen.
- Gehen Sie auf die Bühnen des Lebens – dreimal täglich!
- Spielen Sie mit den Menschen, die Ihnen jeden Tag begegnen, und achten Sie auf die Reaktionen. Sie sind Ihre besten Feedbackgeber!

MEINE DREI GEDANKEN

____

____

____

AKTION

Auf geht's!

Human Branding im Social Web

In ist angeblich nur, wer drin ist: Jeder spricht von Social Media. Klingt gut, ist aber nur eine mögliche Wahrheit. Die andere ist, dass in ist, wer eben nicht drin ist. Das kann in einer Zeit, in der jeder irgendwie, irgendwo, irgendwann »drin« oder »on« oder sonst etwas Elektronisches ist, viel zielführender im Sinne einer wirkungsvoll gelebten und erlebbar gemachten Markenpersönlichkeit sein. Spätestens, wenn Facebook mal uncool geworden ist. Und das ist auf jeden Fall dann so, wenn uns da die Väter unserer »Freunde« anhauen, ob wir ihr »Freund« sein wollen.

Ist das Social Web – das Netz aus sozialen Beziehungen, das die Menschen im Internet miteinander verbindet – wirklich so sehr zu unserer neuen Realität geworden, dass wir vieles, was wir früher im Real Life taten, heute lieber online simulieren und greifbarer menschlicher Kontakt und echte wahre menschliche Bindung in den Hintergrund treten? Markenunternehmen wie Apple, Microsoft und Google erzählen uns das fortwährend – aber stellen Sie sich bitte genau, nach Ihrem Markenentwicklungsprozess, die beherzte Frage, ob Sie die ganzen versprochenen, ach so spannenden Sachen, diese Welt im virtuellen Hosensack, wirklich wollen. Ihre Human Brand erlaubt das. Damit wissen Sie jetzt einfach viel besser, wo es langgeht; genau in Ihrem Leben und nicht im Leben der anderen, die da überall dabei sind wie die Lemminge. Nutzen Sie das, gerade hier! Für den Fall, dass Sie nicht mitmachen bei dem ganzem Gelike, Geadde und Angestupse – und dass das jemandem missfällt –, kann es gut sein, dass dieser Jemand ihre Online-Gunst nicht verdient hat. Dieser Meinung darf man durchaus sein, und da muss der dann durch. Abgesehen davon, dass es beim inhaltsgeladenen Small Talk wohltuend spannend sein kann zu erfahren, warum einer nicht dabei ist (da spitzt man schnell die Ohren und sperrt Mund und Nase auf), anstatt immer nur zu hören, was die Leute so an Strandfotos, Kantinenessen und Bahnfahrgeschichten posten (da suchen die Augen händeringend nach dem Buffet, während der Kopf müde nickt und der Mund nach Worten ringt).

Was für Sie das Beste ist, hängt nicht davon ab, ob Sie beim fortwährenden Online-Schaulaufen dabei sind oder nicht. Sondern davon, was Sie im Falle, dass … von sich preisgeben. Ist es Ihr schönster dreifacher Rittberger, den man so gern anschaut, oder immerhin ein ordentlicher doppelter Salchow? Was aber, wenn Sie mit Mühe nur einen einfachen Axel stehen und, noch bevor die Preisrichter ihre Tafeln mit den niedrigeren Nummern gefunden haben, dann doch auf den Hintern plumpsen? Das ist online so doof und schmerzhaft wie offline, nur ganz anders.

Wofür treten Sie an? Was wollen Sie wem zeigen und warum? Was erwarten Sie sich davon? Was wollen diejenigen, die Sie zu sehen kriegen, überhaupt erfahren von Ihnen, lernen über Sie? Blöd, wenn Sie sich auf einem Online-Portal oder in einem Social Network präsentieren, sich da hübsch zurechtgemacht und im schönsten Glitzerröckchen im Kreis drehen, sogar die eine oder andere Pirouette recht passabel hinkriegen, aber Ihr Betrachter will etwas ganz anderes: keine Sperenzchen, lieber Ihre Vorzüge ohne Umschweife und auf den Punkt gebracht und sich ein klares Bild davon machen, was Sie können, wollen, anbieten. Um dann zu entscheiden, ob er sich länger mit Ihnen beschäftigen mag, Sie vielleicht sogar anrufen oder Ihnen eine Mail schreiben. Oder sich gar mit Ihnen verabreden, so ganz oldschoolmäßig im Caféhaus, bei einem Stückchen Schwarzwälder und einem Kännchen Hag. Und das nicht bloß aus diesem einen nervigen Grund, dass er schon die Hochzeitsglocken läuten hört, wenn er bloß ihr Profilfoto anschaut. Andersherum: Wenn Sie nur ganz nüchtern sagen, wer Sie sind und was Sie können, will ausgerechnet dieser Online-Nutzer, dem Sie virtuell begegnen, vielleicht lieber schöne Geschichten über Sie lesen, ein opulentes, emotional ansprechendes Video von Ihnen sehen, überhaupt sich im Herzen berührt fühlen und nicht bloß im Schädel. Dann ist es wie so häufig im Leben: Wie man's macht, macht man's verkehrt.

Eins vorweg: Am verkehrtesten macht man es, wenn man »einfach mal was macht«. Das ist im Internet genauso wie im richtigen Leben.

Erschreckend bis grottoid: Hunderte Millionen Menschen posten weiterhin ihr Mittagessen, laden gefundene Katzenbabyfotos hoch und verlinken auf Videos mit Missgeschicken kleiner Kinder. Das ist – für den Schreiber wie für den Leser – derart zeitfressend und sinnlos, dass es, selbst für jemanden, der des Schreibens und Redens doch recht mächtig ist, schwierig in Worte zu fassen ist. Verkehrt macht man es auch, wenn man so gar nichts macht im Social Web. Schließlich ist es nun mal da, es hat sich etabliert und wir werden es (genau wie Handy und E-Mail) nie wieder los. Zugespitzt und auf den Punkt gebracht hat es Tim Berners-Lee, der Erfinder des World Wide Web: »Was nicht im Web ist, existiert nicht.«[22] Wer daran glaubt, die Regeln kennt und das Geschehen im Griff hat, kann online ganz schön profitieren in puncto

- direkte und ständige Erreichbarkeit,
- Einbezug und Gleichbehandlung aller Nutzer; der bisherige bloße Informationsempfänger ist auch Sender,
- Sympathieaufbau und emotionale (Kunden-)Bindung durch direkte Kommunikation,
- hohe Transparenz durch direkte Rückmeldungen und vielfältige Meinungsmache,
- mehr Wissen über private und berufliche Zielgruppen und das, was sie interessiert,
- Potenzial an Botschaftern für die eigene Marke,
- Kosten: so gut wie keine.

Vor diesem grundsätzlich guten Hintergrund gedeiht das Miteinander auf positive wie negative, anziehende wie abstoßende Art – genauso wie offline schon immer. Wo es früher genügt hat, sich am Schreibtisch, an der Werkbank, im Sportverein, bei der freiwilligen Feuerwehr, auf der Kirchweih, beim Tanztee, in der Partei und auf dem Familienfest zu präsentieren, um ein Gesicht in der Menge zu haben, ist eine völlig andere und gar nicht mehr so neue Plattform für Kommunikation und vor allen Dingen für Werbung für sich selbst hinzugekommen: Social Media, abgekürzt SM.

Es gibt schlaue Denker, die uns allen vorhergesagt haben, wie es kommen wird. Dazu gehört eine Handvoll sehr anerkannter amerikanischer Wissenschaftler, die schon 1999, zur Blütezeit der New Economy und in Anlehnung an Luthers 95 Thesen, in ihrem »Cluetrain-Manifest« ziemlich gut gesehen haben, was sein wird (davon ist vieles bereits eingetreten). In ihren »95 Thesen für die neue Unternehmenskultur im digitalen Zeitalter« lautet die elfte These (pro Vernetzung): »Die Menschen in den vernetzten Märkten haben herausgefunden, dass sie voneinander wesentlich bessere Informationen und mehr Unterstützung erhalten als von den Händlern und Verkäufern …« In der 15. These (kontra gleichförmiges Business-Blabla und gedrucktes Papier) heißt es: »Bereits in wenigen Jahren wird die heute homogenisierte ›Stimme‹ des Geschäftslebens … so künstlich und aufgesetzt klingen wie die Sprache am französischen Hof im 18. Jahrhundert.« Und in These 95 (pro Social Web) steht unterm Strich: »Wir wachen auf und verbinden uns miteinander. Wir beobachten. Aber wir werden nicht warten.«[23] So weit, so deutlich. Dabei sind Thesen für das geschäftliche Miteinander im Web weitgehend übertragbar auf das private Miteinander, nicht zuletzt weil die ehemals so scharfe Grenze zwischen Berufs- und Privatleben auch hier immer unschärfer wird.

Bei brandamazing sprechen wir im Zusammenhang mit SM gern auch von Sadomaso, weil die beiden SMs sich nicht ganz unähnlich sind: Auch im Internet quälen die Leute einander mit schmerzhaften Werkzeugen und Handlungen, und dabei – das ist das Perverse – nicht nur andere, sondern genauso sich selbst. Dann sind sie die Sklaven, in diesem Fall die der neuen Medien: nach dem Aufwachen noch unter der Bettdecke auf Facebook statt bei ihrem Partner, auf der Toilette auf Linkedin statt bei den Gedanken an gestern Abend, beim Frühstück auf Pinterest statt bei den Plänen für den Tag, in der Bahn zur Arbeit auf Flickr statt bei diesem bezaubernden Gegenüber und im Büro auf YouTube statt bei den neuesten Absatzzahlen für Frau Dr. Wiebold-Schnurrnberger von der Konzernstrategie. Wunderbar süßer, klebriger Brei wird da aus dem Gläschen verabreicht, das nie leer wird. Und das lenkt so schön ab vom Wesentlichen des

Lebens. Alle Info versinkt im stillen See der Gleichgültigkeit, und irgendwann ist wieder Abend, und man geht's ins Bett und ist vor dem Einschlafen wieder auf Facebook unter der Bettdecke anstatt bei seinem Partner. Besonders gut eignet sich Social Media auch zum Aufschieben (neudeutsch Prokrastinieren, klingt nur hochtrabender, ist aber genauso enervierend), um seine Erledigungsblockade zu pflegen, was das eigentlich dringlich Anstehende angeht.

Entscheiden, ob Sie dabei sind, müssen Sie alleine. Ich kenne Menschen, und das sind nicht die uralten, die sind beim SM nirgendwo mit dabei und verdienen trotzdem 3 000 Euro. Pro Tag. Allerdings brutto. Bei denen sind die Offline-Aktivitäten markenbildend genug, und das Netzwerken im richtigen Leben ist es sowieso. Und was Freunde, Bekannte und Aktivitäten angeht, leiden sie nicht gerade unter Langeweile. Ich kenne andere, die auch nicht mitmachen, bei denen geht so gar nichts mit Verdienen und Kurzweil. Ich kenne auch Menschen, die mitmachen und sich in Herz und Geldbeutel zumindest ordentlich versorgt fühlen; alles im grünen Emotions- und Bargeldbereich. Und dann gibt es noch die, die sich in den Social Media abmühen, als gäbe es kein Morgen mehr, und es passiert – nichts. Zumindest, abseits dusseliger bis despektierlicher Kommentare, nichts Wahres, Gutes, Schönes. Das liegt meist daran, dass sie mal dies und mal das posten und hochladen, das große Sammelsurium ihrer so unerschöpflichen wie banalen Alltagskreativität. Aber nichts von dem, was nur im Ansatz ihre Persönlichkeit und das Besondere an ihnen kommuniziert – und sie damit eben nicht im positiven Sinn erlebbar macht für alle anderen.

Ob Sie mitmachen sollen oder nicht? Den Tipp aller Tipps kann Ihnen niemand seriös geben. Auch weil es nicht nur die Wahl zwischen ja oder nein gibt. Vielmehr hat ein Ja viele Facetten. Sobald die Entscheidung pro Social Media gefallen ist, geht es erst richtig los. Erstens: Ja, ich bin dabei! Zweitens: Was denn, wie denn, wo denn, wozu denn? Ein wichtiger Leitsatz bei den Antworten auf all diese Fragen ist auch hier: Meine starke Marke ist das, was man hinter meinem Rücken über mich erzählt. Damit das gutgeht, gibt es verschiedenste Möglichkeiten, sich zu präsentieren – als Privatperson, als Freizeitmensch, als Berufsmensch; als alles zusammen; als Firma sowieso. Dafür wiederum gibt es die verschiedensten Plattformen. Und dafür, wie man die am besten nutzt, gibt es Dutzende Regalmeter Fachliteratur und Terabytes an Blogs und Gedöns. Das brauchen Sie nicht. Stattdessen brauchen Sie a) Ihre gute Intuition und b) Ihre Markenpersönlichkeit als Briefing und als Sicherheitsgurt bei der Reise durch die unendlichen digitalen Welten.

Denken Sie unbedingt jetzt genauso wie später und immer, immer, immer daran, dass das Internet nichts vergisst. Gar nichts. Alles, was Sie posten, ist da drin. Auf irgendeinem dicken Server in Ohio. Und da kriegen Sie es nie wieder raus. Aber die Stockwerks-Oberoma im Seniorenstift kriegt es ganz sicher da raus, wenn sie zu Ihrem 80. Geburtstag ganz besonders liebevoll die Highlights Ihres reich bebilderten Lebens sowohl Ihnen als auch der ganzen Stockwerks-Combo genüsslich per PowerPoint serviert. Schluck! Also: Weihnachtsfeierfotos: niemals! Wir-tranken-Tequila-aus-fremden-Bauchnabeln-Fotos: niemals! Urlaubsfotos: nur die hübschen, wenn's denn sein muss. Bahn-Bashing-Storys: bitte nicht! Mittagessensteller: lieber ebenfalls nicht! Helmkamerafilme: Hilfe! Links auf Missgeschicks-Fotos und -Videos: ebenfalls Hilfe! Selfies, diese egozentrierten Fotos von sich selbst im coolen oder pseudocoolen Umfeld: wohldosiert, bitte. Statt alldem gibt es so viel von dem zu sagen und zu zeigen, was Sie wirklich greifbar und spürbar macht; genau in dem Sinne, wie es dem Menschen entspricht, der Sie auf der Basis Ihrer Human Brand morgen sein wollen. Nutzen Sie diese Chance.

Sie entscheiden. Grundlage für Ihre Entscheidung sollten immer zwei Dinge sein. Zum einen die Überlegung, dass Ihre Markenpersönlichkeit mit jedem Posting, jedem Upload ein Stückchen mehr wahr – und eben nicht verwässert und unscharf – werden sollte; zum anderen die Antwort auf die Frage nach der Relevanz, der Wesentlichkeit, die in unserer Zeit der Austauschbarkeit und des bedauerlichen Umstands, dass es inzwischen von allem alles gibt und von allem zu viel, immer zentraler wird: Was ist für Sie, in Ihrem Leben und bei dem, was Sie uns über sich mitteilen, wesentlich? Sie fühlen es, wenn Sie da immer wieder ganz genau hinspüren. Am besten jedes Mal, bevor Sie etwas veröffentlichen. Denn die bloße flüchtige Laune, aus der heraus Sie etwas tun, ist der Feind der fein gelebten Marke.

Das Social Web unterstützt oder untergräbt aber nicht bloß Ihre Human Brand. Vielmehr gibt es viele Menschen, denen es sogar die Augen öffnet, eine ganz neue Betätigung ermöglicht, das Leben verändert. Und das sind nicht nur diejenigen, die etwas ganz besonders Trendig-Trashiges bei YouTube hochladen und mit der Werbung im Zusammenhang mit den Hunderttausenden Klicks wohlhabend werden.

Eine Mandantin ist begnadete Grafikerin und damit in einer der härtesten Branchen unterwegs. Der Markt ist umkämpft wie nie, die Tagessätze sinken immer weiter, meist zulasten von Qualität und Kreativität. Da macht sie nicht mehr mit. Stattdessen hat sie sich auf der Basis ihrer Human Brand mit dem Markenkern »Inspiration« neu positioniert, und zwar im Premiumbereich (wie Audi und Lindt) und nicht länger im Volumenbereich (wie Renault und Sarotti): Erst hat sie im Rahmen ihres persönlichen Entwicklungsplans ihre Online-Ziele und -Maßnahmen festgelegt, dann die Tonalität und eine Bildsprache entwickelt, alte Fotos und Texte gelöscht und dafür weniger, wirklich neue und tolle Fotos, Layouts und Videos ins Netz gestellt und schließlich alle Bausteine ihrer Online-Präsenz miteinander verzahnt und verlinkt. Jetzt hat sie zwar weniger Auftraggeber, dafür mehr von denen, die sie wirklich wollen und die in der ersten Mail nicht als Erstes nach dem Tagessatz fragen. Und sie hat mehr Zeit für das andere Wesentliche in ihrem Leben.

Wenn Sie entscheiden, dass Sie online mitspielen wollen und werden, geht's ans Eingemachte. Wenn nicht, haben Sie jetzt frei: Gehen Sie in Ihrer realen Welt ein Stück spazieren; auch das macht Sie erlebbar.

Vorwiegend privat genutzte Soziale Netzwerke

Die wichtigen Online-Bühnen für den Menschen an sich, also ganz ohne vordergründige monetäre Vermarktungsgedanken für seine Produkte und Dienstleistungen, wurden immer weniger, bis nur noch zwei relevante übrig blieben: Facebook und Google+. Die werden noch etliche Jahre Bestand haben, obwohl die Nutzerzahlen inzwischen rückläufig sind und die ersten ernst zu nehmenden Kritiker auch ihnen den mittelfristigen digitalen Tod vorhersagen. Falls das eintrifft, kommt etwas anderes; soviel ist sicher. Dann hoffentlich auch etwas Transparenteres, was den Datenschutz angeht. Selbst wenn viele Gesichtsbuch-Freunde das Thema einfach weglächeln, ist es ein ernstes. Jedoch, und da ist es wie mit der Atomkraft: Was man nicht sehen, riechen, anfassen kann, hat man nicht auf dem Zettel. Facebook hat schwer zu kämpfen, um den deutschen Datenschutzrichtlinien gerecht zu werden. Dabei ist nicht ganz klar, ob die nicht können (nicht anzunehmen, das sind ja IT-Profis) oder nicht wollen (anzunehmen, die nehmen unsere Daten ja zu gern für die usergenaue Werbung her). Seien Sie also vorsichtig. Kümmern Sie sich um Ihre Privatsphäre-Einstellungen, und erlauben Sie dort so viel wie nötig, nicht so viel wie möglich. Der User ist und bleibt durchsichtig; genau so weit, wie seine eingestellten Informationen, clever interpretiert, Rückschlüsse auf seine Bildung, seine Lebenssituation, seine Wünsche und sein Konsumverhalten zulassen. Wenn Sie dann posten, gilt auch hier: Je stärker Ihre Marke ist, desto weniger ist im Marketing dafür notwendig, sie erlebbar zu machen.

Regel Nummer 1: Geben Sie nur Informationen preis, die Sie ruhigen Gewissens dem größten Stinkstiefel, den Sie kennen, in der Kneipe am Spielautomaten anvertrauen würden. Und bedenken Sie, dass selbst wenn Sie Ihr Profil eines Tages löschen, es nicht gelöscht, sondern bloß stillgelegt wird. Regel Nummer 2: Die Plattformen sind wie Ihre Wohnzimmertür: Sie können sie immer sperrangelweit aufmachen oder nur manchmal einen Spalt breit offen stehen lassen oder meistens zulassen. Es gibt aufmerksame »Freunde«, die sich Ihre Postings ganz anders zunutze machen als von Ihnen gedacht.

Insbesondere wenn Sie im Erdgeschoss wohnen oder in einem frei stehenden Haus, werden Sie für andere dann ganz anders interessant als gedacht, wenn Sie hocherfreut verkünden, dass Sie ab sofort für drei Wochen mit dem Vergnügungsdampfer unterwegs sein werden im Südchinesischen Meer. Regel Nummer 3: Vergessen Sie das Freunde-Sammeln, bevor Sie es anfangen. Lassen Sie sich nichts einreden von mirakulösen Freunde-Vermehrern und deren obskuren Webinaren und Seminaren. Es kommt nicht auf die Anzahl der Freunde an, sondern auf ihre Qualitäten.

Es ist schöner und macht mehr Spaß, bloß zu locken, einen Teaser loszulassen, Begehrlichkeit zu wecken, die Leute ein bisschen Mäuschen spielen zu lassen, als immer alles auszuplaudern. Im Stile der guten alten Peepshow – ein bisschen was von seiner Persönlichkeit, seinem Seelenleben, seinen Einstellungen und Befindlichkeiten zeigen; und wenn's ans Eingemachte geht, ist die Klappe wieder zu. Das verursacht, was die Marketingleute »Pull« nennen, also Anziehungskraft oder Sogwirkung. Die wissen, dass das viel besser ist als »Push«, das ständige Aussenden neuer Reize vom Schlage »Interessier dich für mich!«, »Buch mich!«, »Kauf mich!«, »Beschäftige dich mit mir!«, »Gib mir deine Einzugsermächtigung!« Auch in dieser Hinsicht ist es beim Produkt wie beim Menschen. Wer nach solch einem »Teaser« (vergleiche das Wort »Striptease«) neugierig ist und mehr will, muss noch mal einen Euro einwerfen. Aber hier entscheiden Sie, wann, wie weit und wie lange das Guckloch wieder aufgeht und wie viel man dann kriegt von Ihrer Persönlichkeit. Empfehlenswerterweise sehr selektiv Ausgewähltes, öfter überhaupt nichts. Was glauben die Leute denn, was sie für einen Euro kriegen? Da müssen die sich schon was anderes einfallen lassen, vor allen Dingen warten lernen. Konstruktiv warten und ein bisschen zappeln lassen macht auch begehrlich, wie früher bei der Bescherung zu Weihnachten.

Wer auf Facebook ist, ist in der Regel auch auf Google+. Das doppelte Posten macht nicht viel Mehrarbeit, und hier dabei zu sein macht Sinn, weil Google mit weiteren Diensten enorme Relevanz hat und da besonders die cleveren Verknüpfungsmöglichkeiten interessant sind.

Was Sie markenadäquat posten können, ist zum Beispiel

- der schönste Eindruck von der Migrantenintegration bei Ihnen in der Firma, für die Sie sich engagieren,
- das Foto vom Kinderspielplatz in Ihrer Wohnanlage, den Sie am Wochenende mit anderen Mietern aufgefrischt haben,
- der Link zur Rede des Politikers, der in der Diskussion über Straffreiheit für sich selbst anzeigende Steuersünder den Klartext redet, den Sie sich wünschen,
- Ihr gasklares Statement zur Diskussion über Straffreiheit für sich selbst anzeigende Steuersünder,
- das Foto des schönsten Abendrots, das Sie jemals gesehen haben,
- das Foto von Ihnen mit Ihrer besten Freundin, die nach fünf Jahren Abwesenheit auf Besuch aus Amerika ist (in Maßen ist das markenbildend, in Massen nicht),
- Ihre Meinung dazu, dass die Türkei in die EU will,
- die Frage, wo man die beste Tahiti-Vanille bekommt, weil die billige Bourbon-Vanille in Ihre legendären Vanillepudding-Mohrenköpfe sicher nicht reinkommt,
- die Freude darüber, dass Sie nach einer suboptimalen Woche Dubai pauschal endlich wieder bei Heim und Hund sind.

Wenn Unternehmer auf diesen Plattformen aktiv sind, sind es in der Regel die, die ihr eigener Chef und eher in der Dienstleistungs- als in der Produktwelt zu Hause sind. Es sind zum Beispiel Berater, Trainer, Anwälte, Therapeuten und Coachs, und sie haben das, was viele andere User vielfach brauchen. Wer im »Menschengeschäft« unterwegs ist, kann hier seine Wettbewerbsfähigkeit prima überprüfen: Was machen die anderen? Wie sind sie positioniert, was stellt sie aus der Masse heraus, welchen Gesellschaftsbeitrag leisten sie? Schimmert ihr Markenkern durch? Das gibt dann exquisiten Stoff für die laufende weitere Zuspitzung und Verfeinerung der eigenen Marke, damit der angestrebte Vorsprung tatsächlich einer ist und bleibt. Fragen Sie sich: Was sagen meine Texte, Fotos und Videos aus? Ist das Seichte zu sehr gewichtet oder eher das Lustige? Sind sie zu ernst oder tragschwer? Wichtig ist, alle so lebens- wie liebenswerten Facetten Ihrer Soll-Markenpersönlichkeit zum Erblühen zu bringen. Erst das ergibt das runde Bild, für die Köpfe wie für die Herzen der anderen.

Einige Anregungen:

- Bedenken Sie, dass Ihre SM-Aktivitäten, obwohl sie kostenlos sind, niemals umsonst sein dürfen; für Sie nicht und ganz besonders nicht für die anderen. Ein Redaktionsplan für mindestens sechs Monate macht hier Sinn: Was poste ich wann, auf welche Art mit welcher Absicht für wen?
- Sorgen Sie für regelmäßige Frequenz. Nichts ist kontraproduktiver als fünf Postings auf einmal, wenn Sie gerade Lust dazu haben, und fünf Wochen keine, wenn Sie was Besseres um die Ohren haben. Markenbildung steht und fällt mit dem steten Tropfen.
- Sagen Sie nicht öffentlich, wann Sie Geburtstag haben. Das entwertet das so schöne alte Ritual des Gespanntseins darauf, wer dieses Jahr wohl dran gedacht hat. Aus Herzensgratulanten und wohlüberlegten Glückwünschen werden sonst Copy & Paste-Erledigungen. Wie schade.
- Befüllen Sie Ihre Accounts mit gutem Content, bevor Sie auf die Jagd nach Freunden und Followern gehen. Im richtigen Leben rufen Sie Ihre Gäste ja auch nicht zu Tisch und fangen dann erst an zu kochen.
- Akzeptieren Sie nicht jeden in Ihrem Netzwerk. Wahllos allen zu folgen, ist gerade nicht markenstark. Stattdessen fördert Neinsagen Ihre Anziehungskraft. Bauen Sie mit einem klaren, gut begründeten Ja Beziehungen zu den Menschen auf, bei deren Selbstdarstellung Sie zumindest einen leicht erhöhten Pulsschlag verspüren. Die anderen sind für die anderen.
- You get what you give: Je aktiver, inhaltsgeladener und profilierender Sie die Posts anderer bewerten, kommentieren und teilen, desto größer ist die Wahrscheinlichkeit, dass Ihren Posts das Gleiche widerfährt.

- Integrieren statt isolieren: Netzwerke und Portale entfalten ihre ganze Wirkung in Ihrem Sinne nur, wenn Ihre Profile miteinander vernetzt sind.

Vorwiegend beruflich genutzte Soziale Netzwerke

Wenn wir bei brandamazing einen neuen Kollegen bekommen, vereinbaren wir mit ihm, dass er sich ein Profil auf dem Business-Netzwerk Xing anlegt. Mit Facebook und so kann das jeder halten, wie er will; auch Linkedin ist kein Muss. Aber Xing halten wir inzwischen für eine Selbstverständlichkeit. Damit schärfen unsere Mitarbeiter nicht nur ihr eigenes Profil, sondern das des ganzen Unternehmens genauso. Wir verabreden auch, dass wir Kontaktanfragen zügig beantworten und uns mit interessanten Menschen, denen wir hier von Berufs wegen genauso wie privat begegnen, proaktiv vernetzen. Es ist mehrfach vorgekommen, dass nicht ich, sondern ein Kollege von einem Kontakt angesprochen wurde, und dann kam es erst zum Dialog, dann zur echten Verabredung, dann zum Mandat. Abgesehen davon, dass Netzwerken auf diese Art wirklich Spaß macht. Dafür ignoriert man gern die Werbung und die Anmache, die sich hier sowieso in Grenzen hält.

Xing und außerdem Linkedin sind die Portale, die beruflich relevant sind: für die professionelle Vernetzung von Arbeitgebern, Arbeitnehmern und Kollegen. Ausgestattet mit dem festen Willen, es zu tun, und mit ein paar Tricks und Kniffen lässt sich ein Profil aufsetzen, das alle Sinne anspricht, neugierig macht und zum Miteinander-Reden anregt. Besonders interessant sind sie auch, wenn man sich im Job verändern will, weil sie viel Traffic von Personalvermittlern und von Job-Portalen wie StepStone, Experteer und Monster übernommen haben. Das zu Recht, weil die Jobsuche hier mittelbarer, anregender und inhaltsgeladener abläuft. Es geht nicht so brutal um »Hallo, ich suche Arbeit!«, sondern vielmehr um »Schaut mal, was ich kann! Was könnt ihr denn? Vielleicht können wir es gemeinsam noch viel besser!« Das macht zudem mehr Laune, weil man sich wirklich miteinander befasst. Außerdem erfährt man, was es, abseits des eigenen, vielleicht festgefahrenen Suchhorizonts, noch so alles gibt in der bunten Berufswelt. Das schärft die Sinne dahin gehend, was im neuen Marken-Leben der wahren Wahl sonst noch infrage kommt und woran man noch gar nicht gedacht hat. Die sozialen Netzwerke bieten die Möglichkeit, schnell und unkompliziert mit Personalentscheidern Kontakt aufzunehmen. Bei unseren Müttern und Vätern lief das noch anders ab: Zeitungsanzeige, Telefonzelle, Telefonbuch, 20 Pfennig, dreimal besetzt, durchstellen lassen, der Verantwortliche fünfmal nicht da, aufgelegt, Nerven ruiniert ... Heute ist es schön einfach – wenn man gezielt vorgeht und nicht mit der Streubüchse. Dafür gibt es die Human Brand, und damit lassen sich die ganzen Zeiträuberangebote, die einen im Netz verführen wollen, gut ausblenden.

Bei der Geschäftsanbahnung ist es genauso: Wer sich erst genau überlegt, wen er weshalb wie ansprechen wird, kann dann guten Gewissens zur Tat schreiten. Die meisten Menschen in diesen Netzwerken sind freundlichen, gut recherchierten, klar dargebrachten Angeboten gegenüber grundpositiv eingestellt. Schließlich spart es Zeit und Mühe, wenn man das, was man gut brauchen kann, auf dem Silbertablett serviert bekommt. Außerdem wollen es die anderen umgekehrt genauso erleben: etwas Gutes anbieten und konkrete Nachfrage erzeugen. Es nervt nur dann, wenn jemand alles für alle anbietet. Das tun viele, online wie offline. Sie sind weder positioniert noch fokussiert und verstehen nicht, dass es auch hier für den ersten Eindruck keine zweite Chance gibt. Als starke Human Brand wissen Sie schon mehr und besser Bescheid darüber, was sich lohnt zu posten, wen es sich lohnt anzusprechen und wie die substanzielle Botschaft markenstark platziert wird.

Was Sie markenadäquat posten können, ist zum Beispiel, dass

- Sie einen Spezialisten fürs Glasperlenstrahlen auf Stückbasis im Rahmen Ihres größeren Auftrags für die Automobilindustrie suchen,

- Sie jetzt eine Praktikantin aus Neuseeland haben,
- Sie als Anwalt spezialisiert sind auf aussichtslose Fälle bei der Online-Abzocke,
- Sie zwei schöne Karten suchen für den Tannhäuser, weil Sie dieses Jahr silberne Hochzeit haben,
- Sie eine klare Meinung haben zum Mindestlohn in der Logistikbranche,
- Sie Kapazitäten frei haben auf Ihrem Spezialgebiet Vertriebsberatung für Kommunalunternehmen in der Abfallwirtschaft (Referenzen vorhanden),
- Ihre Tochter eine Stelle als Fremdsprachenlehrerin in Paris sucht,
- Sie ein neues Büro in Berlin haben und was Sie dort vorhaben.

Berufliches Online-Netzwerken ist ein Muss. Dafür ist das große Linkedin in Deutschland zwar noch nicht so bekannt und verbreitet, in einigen Jahren wird es das kleine Xing (neben Deutschland vor allem stark in Österreich und der Schweiz) jedoch aufgeholt oder sogar überholt bis geschluckt haben. Das ist so in Zeiten der unbarmherzigen Globalisierung. Deshalb ist es gut, auch gleich bei Linkedin dabei zu sein. Auf Englisch nur, wenn Sie besonders international, vernetzt, interessiert und unterwegs sind; sonst auf Deutsch. Ihre Postings lassen sich dann gleich zweifach absetzen.

Zum Foto: Der so wichtige erste Eindruck mittels bewegter Mimik und Gestik, Stimme und verbaler Sprache fällt online aus. Wem das klar ist, der kann diese Defizite mit dem schönsten und besten Foto wettmachen, das sein Gegenüber im Sturm für ihn einnimmt. Das funktioniert jedoch nur, wenn es so professionell aufgenommen wie wirklich persönlich ist. Die meisten Fotos im Netz kommen rüber wie die von den jungen Männern (und den jungen Frauen), die mit der Gespensterbahn mitreisen über die Rummelplätze dieser Welt. Das liegt daran, dass ein Party-Shot schneller zurechtgesägt und eingestellt ist als zuvor die Überlegung angestellt, was das Foto aussagen soll und wer es am besten macht. Jeder macht das, was er am besten kann. Deshalb lässt, wer kein approbierter Fotograf ist, besser die Finger weg davon. Es geht sonst garantiert schief, wie das Brotbacken, wenn man kein Bäcker ist, und das Anzugnähen, wenn man kein Schneider ist. Wer sagt, dass professionelle Fotos viel Geld kosten, der prüfe kritisch, was er übers Jahr für Schnitzel und Bier in der Gastwirtschaft ausgibt und wie oft er sich zugunsten guter Fotos stattdessen einfach zu Hause ein Hüttenkäsebrot und ein Glas Holunderblütenlimonade machen könnte. Das Foto ist eine gute Investition in die Zukunft, Schnitzel und Bier sind eine schlechte.

Bei einem Unternehmensberater wird das Foto ein zurückhaltenderes sein (dabei muss das Hemd nicht weiß sein); bei einem Alleinunterhalter ein lebendigeres, gern das mit der Lieblingsgeste, für die er so bekannt ist, und dem Lieblingsutensil – der roten Nase, der Quetschkommode, dem Hut mit der Federboa. Der Anker muss mit drauf: »Ah, das ist doch der mit dem … Ich weiß nicht, wie der heißt, aber ich kenne den!« Nehmen Sie nur das Foto, das Sie wirklich so rüberbringt wie das von einem Mitmenschen, der sie interessiert und fasziniert und dazu anregt, ihm sofort ein paar Worte zu schreiben. Geben Sie dem Fotografen Ihrer professionellen Wahl Ihre Markenpersönlichkeit als Briefing. Und überlegen Sie gemeinsam, ob es in dieser quietschbunten Welt auch ein Foto in Schwarz-Weiß sein darf.

Zum Profil: Anhand Ihrer Herausstellung haben Sie definiert, was Sie aus der Masse heraushebt, und Ihr Gesellschaftsbeitrag gibt vor, was Sie uns allen versprechen. Machen Sie beides hier nachvollziehbar. Am besten so, wie es all die anderen nicht machen. Spinnen erlaubt! Es gibt zum Beispiel den Bauleiter bei der Telekom, der sich bei der Berufsbezeichnung nicht als »Bauleiter« positioniert, sondern als »Ermöglicher bester Verbindungen«. Was macht ihn greifbarer? Was ist nicht bloß informierend, sondern erzählt die schöne Geschichte? Wenn man es liest, ergibt sich im Herzen das Bild von einem, der dafür sorgt, dass man seinen größten Schatz sprechen kann, wenn einem danach ist. Mit so jemandem will man doch gern näher zu tun haben – vielleicht näher als mit einem Bauleiter.

Nirgendwo steht geschrieben, dass ein Profil nur aus Jahreszahlen und Visitenkarten-Funktionsbezeichnungen bestehen darf. Das ödet an. Stattdessen sind es die Geschichten, die begeistern. Sie erzählen sich genauso formidabel im Netz. Die Stimme für die hohen und die tiefen, die bedrohlichen und die liebevollen, die lauten und die leisen Nuancen ist dafür erst mal gar nicht notwendig. Genauso geht es zunächst ohne Hände und Füße für die untermalenden Gesten. All das kommt früh genug – wenn die virtuelle Begegnung in eine reale mündet, weil der erste Eindruck so vielversprechend war. Das Profil bietet neben dem Raum für die Pflicht (die Fakten) viel Raum für die Kür; all das, was Sie als Mensch wirklich greifbar macht. Dazu gehören weitere gut gemachte Fotos, die Sie in Ihrem Umfeld zeigen, mit Mitarbeitern und Geschäftsfreunden, beim Vortrag und am Flughafen. Und: Sie sind auch hier nicht bloß der Berufs-, sondern immer genauso der Privat-Thomas. Fotos zusammen mit Ihrer Familie, dem Matterhorn und den Kindern aus der Nachbarschaft, denen Sie die Rutsche repariert haben, machen Ihr Bild erst rund. Und Ihre Vita sollte nicht beim Schulabschluss anfangen, wenn Sie Mitte 40 sind, und nicht jede Lern- und Aushilfstätigkeit aufführen.

Eine professionell ausgebildete Journalistin sagt auf ihrem Xing-Profil allen Ernstes, dass sie »journalistische Erfahrung im Print- und Onlinebereich und in der Öffentlichkeitsarbeit, Engagement, Kreativität, Auslandserfahrung« bietet (wie langweilig!) und »interessante Themen und Menschen, bekannte Gesichter« sucht (wie austauschbar, außerdem: wofür bekannte Gesichter?). Darunter führt sie geschlagene vier Redaktionsvolontariate auf, also viel schlecht bezahlte Arbeit, außerdem geschlagene zehn Praktika, also noch mehr noch schlechter bezahlte Arbeit. Und nicht eine reguläre Festanstellung. Nicht schlimm, aber so kriegt sie auch keine, denn wer interessiert sich für so jemand? Genau.

Sie machen es besser, begehrlicher. Dafür suchen Sie sich auch aus den Tausenden Gruppen, Kreisen und Foren in diesen Netzwerken am besten nur zwei oder drei aus, zu denen Sie einmal die Woche etwas wirklich Substanzielles beitragen. Ihr SM-Redaktionsplan gibt es vor.

Ich sage in meinen Xing-Profil bei »Ich suche« klar, was ich vom Suchen halte: »Ich suche nicht. Ich treffe Menschen, die spüren, dass man eine Marke daran erkennt, dass man sie erkennt.« Meine Kollegin Anna hat da ein Zitat von Heinrich Alwin Münchmeyer, Hamburger Unternehmer und Bankier, lange tot und topaktuell: »Wenn ein junger Mann ein Mädchen kennenlernt und ihr erzählt, was für ein großartiger Kerl er ist, so ist das Reklame. Wenn er ihr sagt, wie reizend sie aussieht, so ist das Werbung. Wenn sie sich aber für ihn entscheidet, weil sie von anderen gehört hat, er sei ein feiner Kerl, so ist das Public Relations.« Das beschreibt, mit einem guten Augenzwinkern, worum es ihr geht: die Kommunikation mit Menschen. Man schließt auf ihre humorvolle Art, und es entsteht die Ahnung davon, dass ihr die Welt von Marke, Marketing und Kommunikation eine Menge Spaß macht. Der erste Eindruck von einer solchen Person ist ein lebendiger. Das schaffen Sie auch. Auf Ihre Art.

Twitter passt übrigens nirgendwo rein. Können Sie vergessen.

Foto- und Video-Plattformen

Klar, ein Bild sagt mehr als 1000 Worte. Und heutzutage sagt ein Video mehr als 2000. Deshalb ist Social Sharing, die kleine Schwester von Social Media, eine feine Ergänzung. Es geht um das Teilen von hochgeladenen Bildern und Filmen und auch von Texten, wobei das Visuelle im Vordergrund steht. Auf Flickr bei den Fotos und YouTube, Vimeo und Clipfish bei den Videos; dazu kommen die Online-Pinnwand Pinterest und der Blogger-Dienst Tumblr, bei dem alles irgendwie zusammen passiert (engl. »to tumble« für »etwas durcheinanderbringen«). Natürlich gibt es unzählige mehr, aber diese haben sich durchgesetzt, und Sie können sich beruhigt auf sie beschränken. Da ist erstens erlaubt, was Spaß macht, und zweitens, was Ihrer Marke guttut. Bunt ist schon mal gut, wenn immer auch Substanz dabei ist. Dass Sie außerdem darauf achten, nichts zu posten, was despektierlich ist, gegen Sie verwendet werden oder später im Seniorenstift ungut hochpoppen kann, versteht sich von selbst. Die Vorteile des Visuellen sind eindeutig, es ist wie beim Shoppen: Was man sieht, erfasst man mit allen Sinnen, und die Sehsucht wird noch eher zur Sehnsucht. Da will ich mehr davon! Wir kennen es vom Samstagvormittag in der Stadt, wenn ein Sofa ganz plötzlich kein Sofa mehr ist, sondern der begehrlichste Gegenstand auf dem Planeten. Deshalb arbeitet auch die Werbung so gern mit Bildern. Und weil es bei Ihnen – bei allem, was Sie tun für Ihr Marketing – immer auch um (Be-)Werbung geht, sollten Sie genauso mit Bildern arbeiten. Dann kann es besonders gut passieren, dass Sie für den einen Menschen zum begehrlichsten Menschen auf dem Planeten werden, der den Job Ihres Lebens im Angebot hat oder die Tasse Kaffee im Ausschank, die Ihr Herzensleben verändern wird.

Besonders eindrucksvoll und erfolgreich sind Videos, die erst leichtfüßig, emotional und humorvoll daherkommen und sich dann als sogenanntes virales Marketing entpuppen – Werbung im Netz. Die höchste Kunst ist es, auch dann noch dafür zu sorgen, dass die User sie mögen und verbreiten und damit die beworbenen Firmen und Produkte. Dafür gibt es eine ganze Industrie und das schöne Beispiel von dem Hochzeitsvideo, bei dem das Brautpaar Jill und Kevin nicht bloß traditionell romantisch in die Kirche schreitet, sondern sich gemeinsam mit den besonderen Gästen regelrecht zum Alter vortanzt. Dutzende Millionen Abrufe! Später stellte sich heraus, dass es sich um einen so guten, weil so amateurhaft produzierten Werbespot für Chris Browns Song »Forever« handelt. Die Single verkaufte sich formidabel: Platz 4 in den iTunes-Charts und Platz 3 bei Amazon. Das ganz ohne großen Aufwand für Sony Music.

Spaß und Emotionen sind exzellente Geschmacksträger auch für Ihre Videos, gern ebenfalls mit clever eingebetteter Werbung – solange der Humor nicht auf Kosten anderer geht. Und fassen Sie sich kurz, wenn Sie Ihre Videos machen. Die Algorithmen der Portale, die über das Ranking bei der Suche entscheiden, bewerten es positiv, wenn es lange angesehen wird – und lange Videos werden seltener geschaut als kurze. Ihre Botschaft und damit Ihre Marke, vor allem was Herausstellung und Gesellschaftsbeitrag angeht, kurz, knapp, knackig auf den Punkt zu bringen, dafür sind Sie mit Ihrer Marke ja nun wirklich bestens gerüstet.

Beispiel: Drei Menschen und ihre Human Brands (II)

Jasmin Zorn

Jasmin Zorn – die leidenschaftliche Natur- und Menschenfreundin mit den großen Ansprüchen an sich selbst und andere, denen sie oftmals nicht gerecht wird.

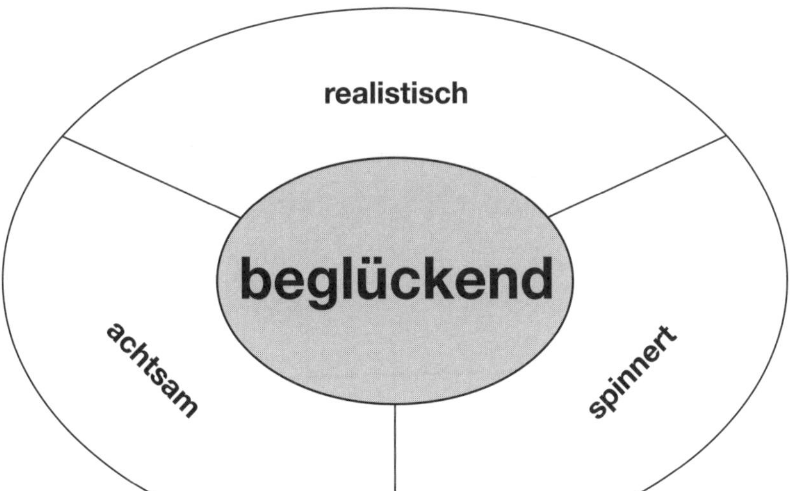

Das Marken-Ei von Jasmin Zorn

Jasmin Zorns *Markenkern* und damit ihr ultimativer Gesellschaftsbeitrag ist »beglückend«:

Ich möchte bei allem, was und wie ich es tue, meine Mitmenschen berühren. Derart, dass sie den Anflug eines Lächelns auf dem Gesicht haben, wenn sie mich erleben und an mich denken. Das setzt voraus,

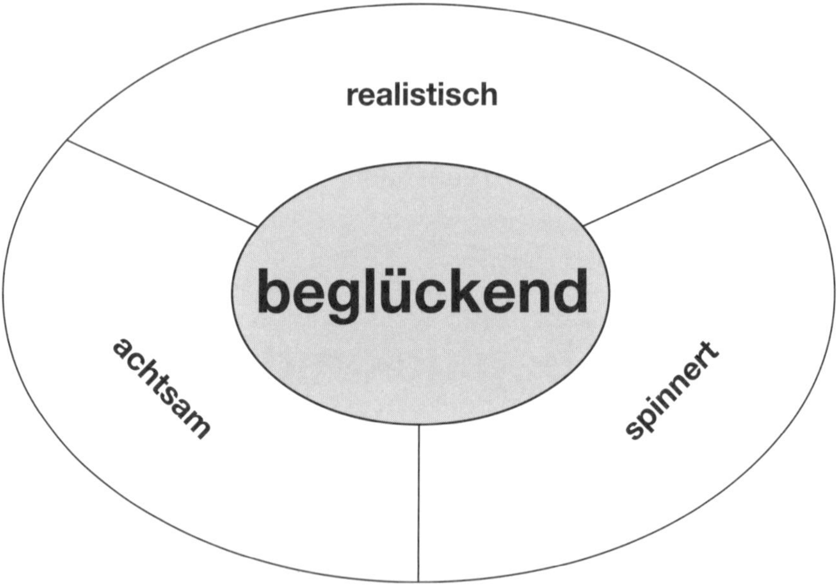
realistisch
beglückend
achtsam
spinnert

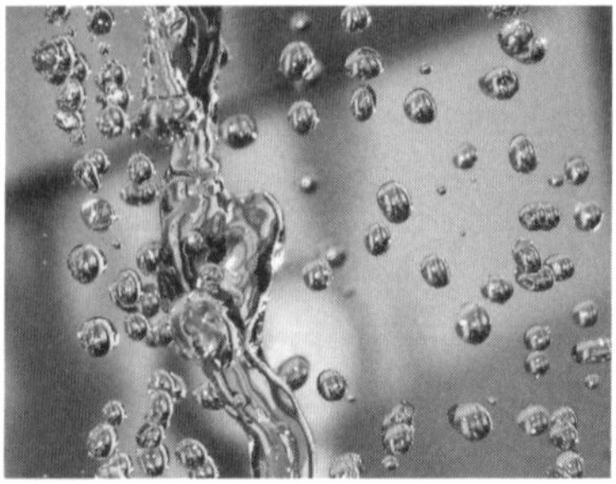

10 Meter bis zum Gipfel

Hochseesegeln vor Elba

Würstchen mit Kartoffelsalat

Die Markenwand mit Bild- und Vorstellungswelt von Jasmin Zorn

dass ich selbst auch beglückt bin von mir und außerdem spürbar mache, wofür ich wirklich brenne. Die Faktoren dafür, meine Markenwerte, sind

- »realistisch«: Ich stelle mich dem anspruchsvollen beruflichen und privaten Alltag einer selbstbestimmten Frau, die mitten im Leben steht. Dafür beziehe ich Position und sage, was ich denke und will. Mein Handeln ist klar und eindeutig.
- »achtsam«: Ich nehme nicht nur Rücksicht auf meine Umwelt, meine Mitmenschen und die Natur, sondern vor allem auf mich selbst und das, was ich brauche. Erst wenn es mir selbst gut geht und ich diesen Anflug des Lächelns trage, kann ich beglücken.
- »spinnert«: Ich weiß, dass ich kantig und verschroben bin. Ich stehe dazu und kultiviere diese Andersartigkeit. Das macht mich spürbar für Menschen, die genau das schätzen und für die ich deshalb so erlebens- und liebenswert bin.

Herausstellung: Ich gebe, was ich erwarte. Ich erwarte Halt, Wegesränder und wahre Freundschaft, von ausgesuchten Menschen. Fachlich bin ich state-of-the-art, auf der Beziehungsebene bin ich hart, aber herzlich. Damit ich bekomme, was ich erwarte, kenne ich kein »eigentlich«, kein »könnte« und kein »vielleicht«. Ich sage, was ich denke, und tue, was ich sage.

Gesellschaftsbeitrag: Man macht sich die Mühe, meinen Kern zu erfahren. Ich bin es wert, genauso wie den guten Streit. Ich sage die Wahrheit, auf eine klare und verträgliche Weise. Ich erhalte gesund – mich selbst genauso wie meine Patienten und meine Umwelt. Menschen, die mit mir umgehen, bekommen emotionalen Mehrwert.

Markencredo: Ich nehme mir, was ich brauche. So kann ich zeigen, wie ich bin, und geben, was ich kann.

Jasmin Zorns Bildwelt ist geprägt von Kraft, Reinheit und Erdverbundenheit. Ihre Auswahl und ihre ganz eigene Interpretation:

- Sushi: Manchmal habe ich es gern exotisch. Wenn ich etwas Andersartiges tue, dann wenig davon und dafür von hoher Qualität für alle Sinne, ohne viel »Schischi«. Ich erlebe das beim Motorradfahren in den Bergen, in den Kurven mit den Knien auf dem Asphalt.
- Wassertropfen: Was ich mag, ist klar und geradeaus, unverfälscht und ohne Umschweife. Ich nutze die Kraft der Natur für meine eigene Kraft. Meine Wünsche sind so natürlich, klein und durchaus auch bescheiden wie die kleinen Wunder der Natur. Das macht sie für mich ganz groß.
- Kaktus: Ich pikse. Man traut es mir beim ersten Erleben nicht zu, hinterher schon. Wenn ich pikse, dann merkt man es. Das kann dann auch mal wehtun, und im äußersten Fall kommt ein kleiner Tropfen Blut aus dem Finger. So soll es sein!
- Feuer: Ich mag es warm und verbreite Wärme. Dabei flackert und knistert es. Man hat mich gern um sich. Allerdings sollte man mit meiner Wärme umgehen können, sonst wird es zu heiß.
- Brandung: Ich gehe hart ran und weiß, was ich will. Das mache ich dann wahr. Dabei kann es manchmal ganz schön krachen. Das hinterlässt dann einen bleibenden Eindruck von mir. Halbe Sachen und schlappe Wellen gibt es bei mir nicht.

Jasmin Zorns Vorstellungswelt:

- »10 Meter bis zum Gipfel«: Ich habe klare Ziele vor Augen. Ich gebe nicht auf, bevor ich sie nicht erreicht habe. Es sei denn, Nebel zieht auf, und er geht nicht mehr weg. Dann habe ich die Größe, meine Ziele zu justieren.
- »Hochseesegeln vor Elba«: Ich betrete gern unbekanntes Terrain und lasse mich auf das ein, was dort passiert. Das kann auch mal ungemütlich werden. Na und? Dann werde ich es auch!
- »Würstchen mit Kartoffelsalat«: Ich bin einfach, aber nicht einfach gestrickt. Ich bin erdverbunden, aber nicht bodenständig. Ich weiß, dass weniger mehr ist.

Radiospot: Ich bin Jasmin Zorn, Ärztin aus Leidenschaft mit dem großen Hang zur Natur. Was ich tue, tue ich ganz bewusst mit Haut und Haaren. Wenn Sie sich auf mich einlassen, eröffne ich Ihnen gern meine Welt. Sie werden staunen, und Sie werden berührt sein.

Persönlicher Entwicklungsplan (Auszug):

Kurzfristig (sofort bis in sechs Monaten):

- Ich treffe erst mal keine Entscheidungen. Zunächst bringe ich nur das Angefangene ordentlich zu Ende.
- Die für den Sommer gebuchte Thailandreise trete ich an.
- Nach der Ankunft lasse ich mir drei Wochen Zeit zum Runterkommen.
- Nach diesen drei Wochen entscheide ich, ob mein Freund wie geplant nachkommt. Dann kläre ich bzw. klären wir gemeinsam, auf jeden Fall mit Ruhe und Weitblick, die Fragen Beziehung, Baby, berufliche Zukunft und Wohnumfeld im Sinne smarter Teilziele. Die Ergebnisse halte ich schriftlich fest. Diese Fragen werden noch in Thailand entschieden.

Mittelfristig (in sechs Monaten bis zwei Jahren):

- In den vier Wochen nach der Rückkehr nehme ich Kontakt zu drei befreundeten Ärzten auf, die ihre Praxen in schöner ländlicher Umgebung haben. Ziel ist die konkrete Abklärung der Möglichkeit einer Praxisgemeinschaft, die mir genug Zeit lässt für das Baby, falls ich mich dafür entschieden habe, und auf jeden Fall für die Natur.
- Ich feiere meine Erfolge (neuer Job, neue Wohnung, erfolgreich abgeschlossene Psychotherapie etc.). Dann fahre ich mit dem Motorrad einen ganzen Tag in die Berge und trinke nach der Rückkehr ein Glas Wein auf mich selbst.
- Ich lege mich beim Denken und beim Tun fest: Wenn ich mich dabei ertappe, »hätte«, »könnte« oder »würde« zu sagen, stecke ich fünf Euro in mein Konjunktiv-Schwein. Nach einem Jahr fahre ich von dem Geld in Urlaub. Wie spartanisch oder luxuriös, wird sich zeigen ...

Langfristig (in zwei bis fünf Jahren):

- Ich bleibe auf dem Land wohnen – komme, was wolle. Mein Lebenspartner muss sich danach richten.
- In fünf Jahren werde ich mindestens ein Kind haben.
- Bis dann werde ich ein uraltes Haus kaufen und für mich und meine Familie umbauen.
- In zwei Jahren werde ich höchstens 30 Stunden die Woche arbeiten, damit ich genug Zeit für das habe, was auch noch zählt.
- Meine Hobbys sind die Natur und das Motorradfahren. Das war's.
- Ich sage voller Inbrunst, dass ich ein Ossi bin.

Dr. Peer Mertens

Dr. Peer Mertens – der erfolgreiche Workaholic mit den vielen Interessen, der nicht mehr arbeiten muss und dem das richtige Maß abhandengekommen ist.

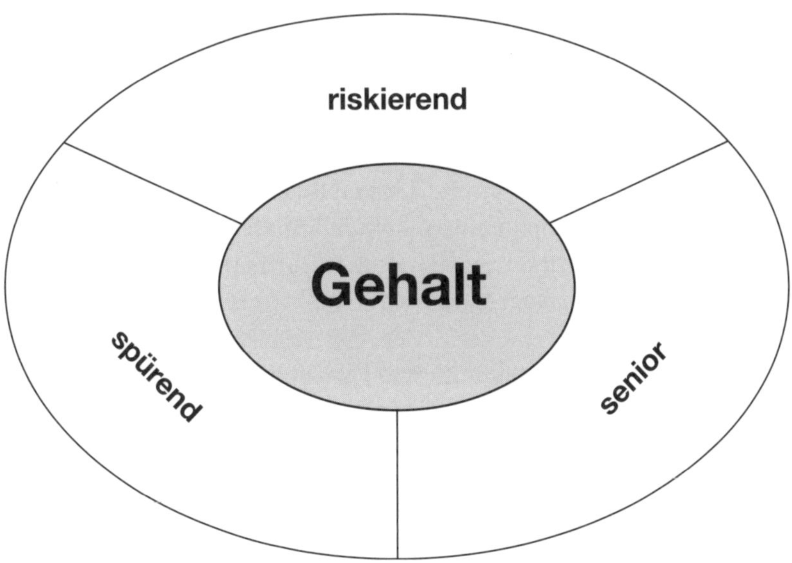

Das Marken-Ei von Dr. Peer Mertens

Dr. Mertens' *Markenkern* ist »Gehalt«:

Ich will nichts mehr machen, nur um etwas zu machen. Lieber sollen mein Denken und Handeln auf das einzahlen, was meiner Vorstellungswelt von Werten und Normen entspricht; eben auf Sinn und Inhalt. Das verlange ich mir als engagiertem Mitglied einer aufgeklärten und interessierten Gesellschaft einfach ab. Meine Mitmenschen erleben das auch mit mir, damit müssen sie umgehen lernen. Meine Markenwerte sind

- »riskierend«: Ich gehe weiterhin dort aufs Ganze, wo es mir wichtig ist. Neben dem Beruf bin ich mir das zunehmend selbst, außerdem ist es meine Familie. Hier gebe ich alles, da müssen andere einfach zurückstecken.
- »spürend«: Mein Herz und mein Bauch werden wichtiger. Sie wissen, was ich brauche und wie ich meiner Umwelt geben und gleichzeitig von ihr profitieren kann. Der Kopf, das Rationale, ist deutlich nachrangig; er ordnet sich unter.
- »senior«: In meiner Lebensphase muss ich nicht mehr jeden Mist mitmachen, nur um dabei zu sein und keine Angst haben zu müssen, etwas zu verpassen. Ratsuchende mit einem echten Anliegen finden den Weg zu mir, da muss ich mich nicht verbiegen.

Herausstellung: Ich bin der seniore Begleiter des Topmanagement im Executive Search. Als High-end Trusted Business Advisor bin ich dem Vertrauen meiner Klienten verpflichtet. Durch unabhängigen, kompetenten und unorthodoxen Rat setze ich Impulse, die Einstellungs- und Verhaltensänderungen auslösen. Ich bin Erlaubnisgeber.

Gesellschaftsbeitrag: Einstellungs- und Verhaltensänderungen, die durch meine Impulse ausgelöst werden, führen dazu, dass Führungskräfte ihre professionellen Schutzfassaden einreißen. Mit der dadurch gewonnenen Klarheit machen sie Unternehmen dauerhaft erfolgreicher und führen ein erfüllteres Leben.

Markencredo: Ich bin der Reformator im Executive Search.

Dr. Mertens' Bildwelt ist geprägt von Loslassen, sich selbst die Erlaubnis geben und zur Ruhe finden:

- Würfel: Ich setze gern weiterhin ganz viel auf ganz wenige Karten. Allerdings bestimme ich jetzt, an welchen Spielen des Lebens ich teilnehme. Auch bei den Spielregeln habe ich ein Wörtchen mitzureden. Die Spiele von gestern bleiben in der Schublade.
- Rummelplatz: Ich gehe aus mir raus und lasse es auch mal krachen. Besonders dort, wo meine weiche Seite zum Vorschein kommt und wo ich lauthals lache, sogar juchze vor Freude. Formen und Schablonen lasse ich mehr und mehr links liegen.
- Brot: Ich weiß, wo ich hingehöre. Wo ich bin, ist es unverfälscht, ehrlich und geradeaus. Ihre ganz eigene Note bekommt meine Welt durch ihre resche Kruste, für die ich mit viel Geduld und Hingabe sorge. Das macht sie begehenswert für Liebhaber meiner Marke.
- Radfahrer: Wo ich bin, ist vorn. Allerdings ist das nur sehr ausgesucht der Fall, und da vorn ist noch Platz für andere. Dann machen wir gemeinsam ordentlich Krach und begeistern noch mehr Leute dafür, mit uns zu kommen.
- Wegweiser: Ich habe noch viel vor. Was ich anpacken möchte, zeigt mein Lebenswegweiser. Dabei handelt es sich um ausgesuchte Ziele. Sie sind alle gleich schön und jedes für sich ganz anders. Zuerst packe ich die an, die ich mit meiner Familie verfolgen kann.

Dr. Mertens' Vorstellungswelt:

- »Das Burj al Arab in Dubai«: Ich bin weiterhin ein stattlicher Fels in der Brandung. Ich habe etwas zu bieten, was es auf der Welt so nicht ein zweites Mal gibt. Das hege und pflege ich.
- »Sommerregen unter der Eiche«: Ich freue mich, wenn ich Mensch sein und einfach genießen kann. Dann schweifen meine Gedanken, das Herz und der Kopf gehen spazieren, und es geht mir gut.
- »Samstag, 23 Uhr: Buch, Tee, Couch«: Ich bin froh, dass ich tun kann, was ich möchte. Früher war ich oftmals getrieben und fremdbestimmt. Heute bin ich mein eigener Antrieb, und ich gehe unter

Das Burj al Arab
in Dubai

Sommerregen
unter der Eiche

Samstag, 23 Uhr:
Buch, Tee, Couch

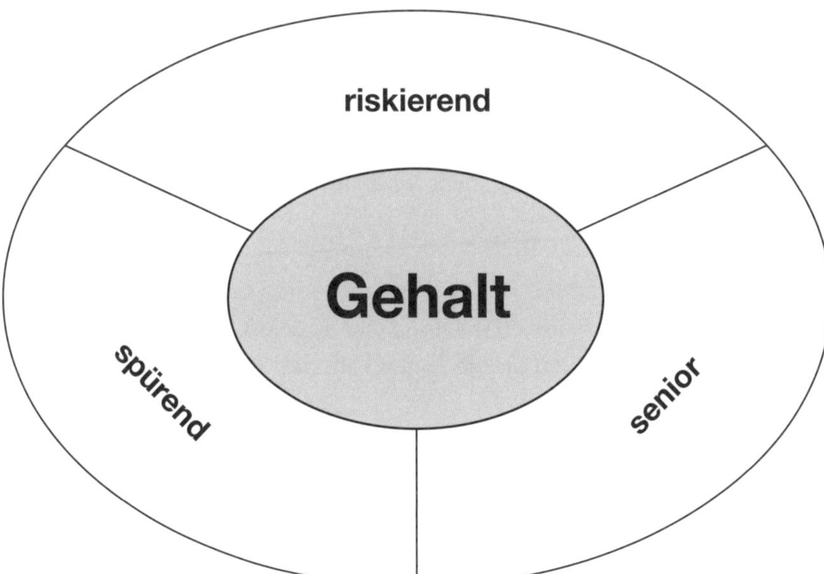

Die Markenwand mit Bild- und Vorstellungswelt von Dr. Peer Mertens

die Leute, wenn ich es für gut befinde. Wer »die Leute« sind, bestimme ich.

Radiospot: Ich bin Dr. Mertens, der Regisseur: Durch exzellente Executive Search-Themen und -Aktivitäten ermögliche ich exzellente Geschäftsergebnisse und werde dadurch als qualitativer Marktführer wahrgenommen. Daran lasse ich mich auch von Ihnen messen!

Persönlicher Entwicklungsplan (Auszug):

Kurzfristig:
- Ab sofort bleiben die Wochenenden arbeitsfrei.
- Ich stecke meine ganze Arbeitskraft in meine eigenen Projekte und in die Firmengründungen mit meinen Partnern.
- Ich sage bis Ende nächsten Monats meiner Frau, wie ich mir meine berufliche Zukunft in den nächsten fünf Jahren vorstelle. Meine genauso wie ihre Pläne und unsere Ansprüche an unsere Beziehung besprechen wir so intensiv und detailliert, dass sie guten Gewissens Ja sagen kann und es für mich keinen Spielraum gibt.
- Ich schreibe mir meine Ziele und die Vereinbarungen mit mir selbst auf.

Mittelfristig:
- In einem Jahr arbeite ich maximal vier Tage im Monat, davon zwei von zu Hause aus. An diesen Tagen kann ich so lange arbeiten, wie ich will.
- Bis zum Ende des nächsten Winters habe ich mir Langlaufski gekauft und zwei Wochenendkurse für Anfänger gemacht. Diese Kurse mache ich allein, nur für mich.

Langfristig:
- In fünf Jahren übergebe ich die Firmen, die wir gerade aufbauen, zu 100 Prozent an meine jüngeren Partner.
- Ab dieser Zeit werde ich maximal drei Tage die Woche arbeiten. Das darf ich dann Tag und Nacht, wenn ich möchte.

- Ab dann lasse ich die E-Mail-Funktion auf meinem Handy immer abgeschaltet.
- Dann werde ich mit meiner Frau jedes Jahr mindestens zwei Monate in Italien verbringen. Andere Reiseziele brauche ich nicht mehr, Italien ist zum Entdecken groß genug.

Hinweis: Die Markenpersönlichkeit von Dr. Mertens ist auf seinen besonderen Wunsch hin deutlich berufsfokussiert, besonders seine Herausstellung und sein Gesellschaftsbeitrag. Ich empfehle Ihnen, bei der Entwicklung Ihrer eigenen Marke dem Privatleben breiteren Raum einzuräumen. Außerdem: Eine freiere Interpretation von Dr. Mertens' Marke lässt durchaus auch Leitplanken für sein Privatleben erkennen. Nicht zuletzt durch Formulierungen, wie zum Beispiel hinsichtlich seiner Ratgeberfunktion, die Verhaltensänderungen provoziert und Erlaubnis gibt sowie der Einstellungsänderungen, die er bei anderen im Sinne eines erfüllteren Lebens auslöst.

Birgit Fegert

Birgit Fegert – die erfolgreiche ehrgeizige Träumerin, die sich über allen ferngesteuerten Aktivitäten völlig vergisst und von ihrem Arbeitgeber hinhalten lässt.

Birgit Fegerts *Markenkern* ist »Luft«:

Ich gebe Raum und das Essenziellste auf Erden überhaupt. Wo ich bin, können die Menschen frei atmen, aufatmen, Kraft tanken. Das erreichen sie, indem sie Energieräuber in die Wüste schicken und sich von mir leiten lassen. Ich führe sie dahin, wo die Luft inhaltsgeladen ist, voll mit einem explosiven Wohlfühlgemisch. Meine Markenwerte sind

- »echt«: So war ich schon immer, und so werde ich auch bleiben. Augenwischerei und Schaumschlägerei haben bei mir keinen Platz. Ich stehe nur auf, wenn ich etwas zu sagen habe. Ich sage nur etwas, wenn ich damit Konstruktives auslöse.

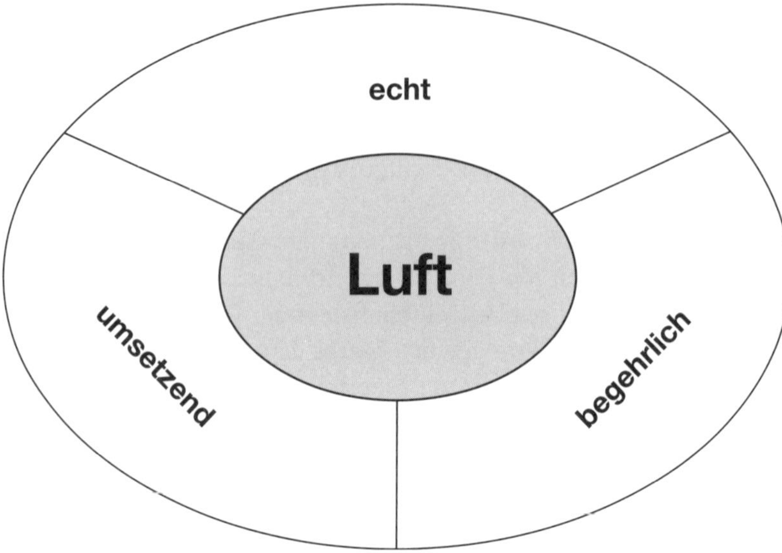

Das Marken-Ei von Birgit Fegert

- »umsetzend«: Mit Schwätzern gebe ich mich nicht ab. Deshalb dürfen meine Mitmenschen von mir erwarten, dass ich erst ankündige, was ich tue, wenn ich bereits dabei bin, es zu verwirklichen.
- »begehrlich«: Mit mir umgibt man sich gern, wenn es passt. Das ist dann der Fall, wenn die Schnittstelle stimmt und die Menschen bei mir das verspüren, was ich bei ihnen verspüre. Dann geben wir uns gegenseitig Raum, und mit der Zeit wird das immer noch kraftvoller.

Herausstellung: Ich bin die Raumgeberin mit zehn Jahren interner und externer Fronterfahrung bei internationalen Unternehmen. Diese Expertise fundiere ich laufend, im rationalen/harten genauso wie im emotionalen/soften Bereich. Auf dieser Basis schenken mir Menschen ihr Vertrauen – sie sehen mit mir Wege, die wir dann klären und gehen. Meine Modelle sind anerkannt und erprobt, meine Methoden sind wie ich – bunt.

Gesellschaftsbeitrag: Ich haue den Menschen ihre Knoten im Kopf durch und sorge dafür, dass sie ihre alten Zöpfe abschneiden. Sie erfahren mit mir, was sie dafür tun müssen, das zu erreichen, was ihnen wirklich am Herzen (!) liegt.

Markencredo: Wer große Ziele für große Pläne hat, braucht einen großen Geist an seiner Seite.

Birgit Fegerts Bildwelt ist geprägt von Gemeinsamkeit, Spürbarkeit und Ich-Räumen:

- Luftsprung: Ich atme die Dinge, die mein Leben bereichern, bewusst ein. Das tue ich dort, wo ich frei bin, um die Energie aufzunehmen wie ein Schwamm. Dafür brauche ich dann nur mich, sonst nichts und niemanden. Ich bin so natürlich wie die Natur.
- Puzzle: Ich mache das Bild rund. Dafür gebe ich nicht viel, aber genau das Quäntchen, das oftmals noch fehlt für das Ergebnis, das viel eindringlicher als nur »richtig« ist. Deshalb bin ich gern gesehen.
- Pokal: Ich strebe nach Höchstleistung und nach Perfektion; und zwar so, wie *ich* sie definiere. Dafür umgebe ich mich mit Menschen, die mich fordern und fördern. Das Gleiche dürfen sie von mir erwarten. Gemeinsam erreichen wir die vorderen Plätze.
- Hängeregister: Ich weiß, was zählt im Leben, was wo seinen Platz hat und was für mich zuerst kommt. Diese Struktur ist mir wichtig, auch damit ich mich nicht verzettle. Bevor ich anfange zu denken und zu handeln, führe ich mir das vor Augen.
- Radausflug: Ich genieße das Leben. Ich nehme es nicht zu ernst und ziehe auch einfach mal los; ohne zu wissen, wo genau die Reise hingeht. An den Wegesrändern entdecke ich vieles, das mich bereichert. Davon profitiere ich dann zurück im Alltag.

Oliver Kahn

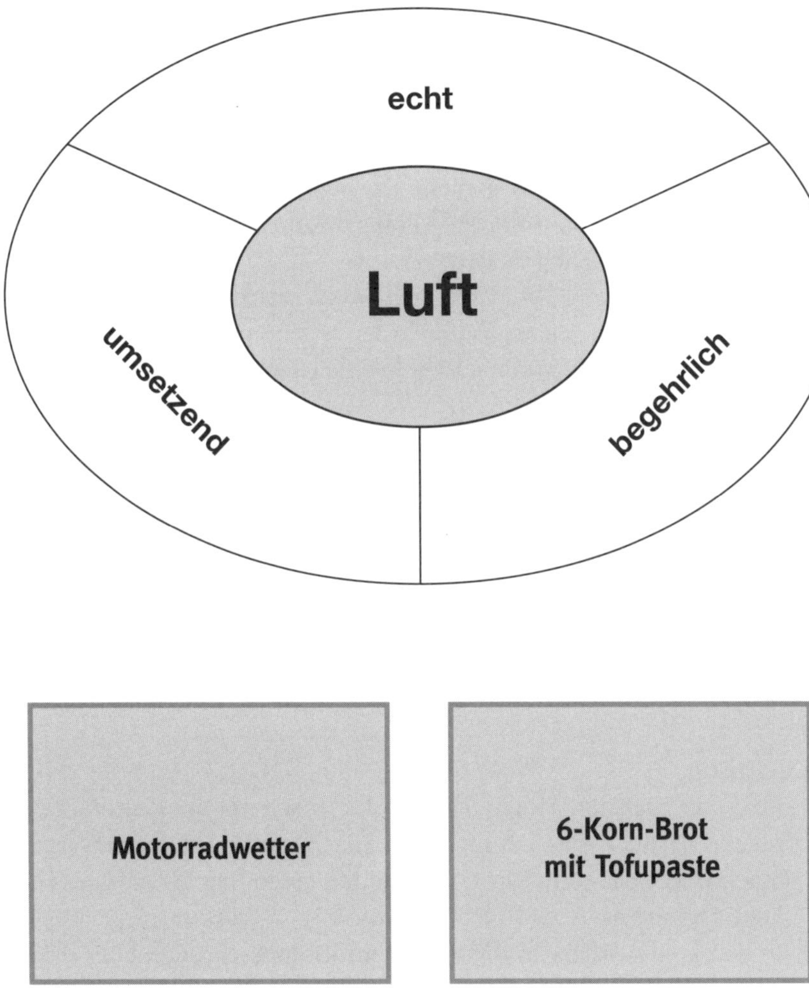

Die Markenwand mit Bild- und Vorstellungswelt von Birgit Fegert

Birgit Fegerts Vorstellungswelt:

- »Oliver Kahn«: Ich wandle mich genauso wie er – vom knallharten Businessprofi, der zwar so richtig gut, aber auch öfter unangenehm ist und belächelt wird, zur verantwortungsvollen Vorangeherin mit Vorbildfunktion, die den Kern des Harten verbindet mit der begehrlichen Schale.
- »Motorradwetter«: Ich genieße das Schöne und nutze es derart, dass ich viel davon profitiere. Wenn ich dann Kraft habe und Freude empfinde, teile ich sie gern.
- »6-Korn-Brot mit Tofupaste«: Ich weiß, wo ich herkomme, und hüte mich davor, meine Wurzeln zu verleugnen. Diese Wurzeln bewahren meine Identität und holen mich zurück, wenn ich einmal zu hoch fliege.

Radiospot: Ich bin Birgit Fegert. Ich habe länger als zehn Jahre zurückgesteckt und gezeigt, dass ich viel aushalten und große Ziele erreichen kann. Jetzt entwickle ich mit anderen Menschen ihre Ziele und zeige ihnen, wie sie sie erreichen, ohne zurückzustecken. Was wollen Sie erreichen?

Persönlicher Entwicklungsplan (Auszug):

Kurzfristig:
- Ich führe nächsten Monat das erste Gespräch mit meinem Vorgesetzten darüber, dass ich nur noch vier Tage die Woche arbeiten möchte. Bis das wahr wird, möchte ich einen Tag die Woche zu Hause arbeiten.
- In den kommenden drei Monaten informiere ich mich über drei alternative entscheidungsreife Weiterbildungsmöglichkeiten zur systemischen Beraterin und Coach. Dazu führe ich mit den Anbietern detaillierte Gespräche.
- Ab sofort organisiere ich von unterwegs aus – bis spätestens dienstags – jeden Monat einen Abend oder einen halben Tag mit guten Freunden für das folgende Wochenende.

- Ich gehe ab jetzt mindestens zweimal die Woche ins Fitnessstudio.

Mittelfristig:

- In einem Jahr läuft meine Weiterbildung zum Trainer und Coach. Was nicht neben dem Beruf geht, mache ich im Urlaub.
- Ende nächsten Jahres kündige ich meinen jetzigen Job.
- In einem Jahr habe ich ein Lieblingslokal an meinem Lebensmittelpunkt, in dem man mich mit Namen begrüßt, wenn ich reinkomme.

Langfristig:

- In zwei Jahren arbeite ich Vollzeit als Trainer und Coach.
- Ab dann sind die Wochenenden arbeitsfrei. Sollte ich an einem Tag des Wochenendes arbeiten, gleiche ich den mit einem freien Tag in der Woche aus.
- Ich werde kein Büro und keine Angestellten haben.
- Ich achte darauf, dass mindestens 50 Prozent meiner Tätigkeit Heimschläferprojekte sind, das heißt, ich wache in meinem Bett auf und schlafe dort auch wieder ein.
- In fünf Jahren habe ich einen Lebenspartner und ein Kind. Damit das wahr werden kann, mache ich nach meiner Kündigung zwei Single-Segelreisen, gehe in einen Sportverein und antworte einmal im Monat auf eine Partnerschaftsanzeige.

Los geht's!

Sie haben nun Ihre ganz persönliche starke Marke. Hier und dort ist Ihnen vieles klar geworden, die Gedanken führen zu ersten Veränderungen. Die zehn Human Branding Erfolgsfaktoren sind Ihnen Anregung wie Ansporn dafür, Ihre Marke immer ein Stückchen weiter zu profilieren und zu schärfen. Dann sind Sie bald nicht nur in Ihren Gedanken dieser eine Mensch, der genau weiß, wofür er steht. Sondern Sie sind vor allem für uns alle dieser eine Mensch, von dem wir genau wissen, wer er ist, wie er ist und wofür er genau steht. Sie vermitteln es und lassen es uns spüren, immer und überall. Sie bestätigen meinen Lieblingssatz: »Marken erkennt man daran, dass man sie erkennt.« Und Sie haben Erfolg.

»Es muss im Leben mehr alles geben.« Diesen Untertitel des von mir sehr geschätzten Buches *Higgelti Piggelti Pop!* und die Botschaft dahinter finde ich für unser Thema sehr bezeichnend. Was der wohlbehütete Hund Jennie in dem Buch tut, er verlässt sein Zuhause auf der Suche nach mehr, passt auch zu uns Menschen: Auch wir ziehen fort, in Gedanken nur oder tatsächlich. Fort vom Job, vom Partner, aus der Stadt, aus diesem Leben in ein anderes. Radikal oder mit doppeltem Boden, revolutionär oder eben evolutionär. Manchmal kehren wir zurück. Und manchmal ziehen wir erst gar nicht los.

Anlässe gibt es wahrlich genug für Ihren Weg, der Ihrer wahren Essenz und Ihrem wahren Antrieb entspricht. Wir haben viele Beispiele gesehen, und Sie haben sicherlich Ihre ganz eigenen. Ich bin der Überzeugung, dass Sie herausgefunden haben, was »Leben«, was »mehr« und was »alles« für Sie bedeutet. Ob es für Sie gut ist zu bleiben oder Zeit wird zu gehen. Was »bleiben« für Sie heißt und »gehen« auch. Dann los! Schreiten Sie zur Tat! Ich wünsche Ihnen einen guten Beginn mit Ihrer Marke und dann allzeit Zufriedenheit, Erfolg und auch eine ordentliche Portion Glück damit.

Willkommen im Leben Ihrer Wahl!

Ich freue mich, wenn wir uns einmal begegnen. Dann werde ich Ihre Marke und werden Sie meine mit allen Sinnen erleben. Ist sie so konzentriert wie ein Espresso? Löst sie dieses Kribbeln im Nacken aus? Macht sie einzigartig und regt sie dazu an, den Menschen gegenüber intensiver erleben zu wollen? Wir werden es erleben.

Liste der Arbeitsblätter im Downloadbereich

1 Human Branding Markentrichter
2 Markendreieck
3 10 Human Branding Regeln für Verlierer
4 Marken-Ei
5 Semiometrie
6 Module und Wellen
7 Antrieb im Job
8 Meine Stärken
9 Meine Konkurrenten
10 Meine Vorbilder
11 Meine Herausstellung
12 Mein Gesellschaftsbeitrag
13 Mein Markencredo
14 Mein Radiospot
15 Mein Persönlicher Entwicklungsplan
16 Mein Netzwerk-Check

Anmerkungen

1 Hans Domizlaff: *Die Gewinnung des öffentlichen Vertrauens. Ein Lehrbuch der Markentechnik*, Hamburg: Marketing Journal, 7. Aufl. 2005
2 Maurice Sendak: *Higgelti Piggelti Pop! Es muss im Leben mehr als alles geben*, Zürich: Diogenes 2009
3 Dieter Herbst (Hrsg.): *Der Mensch als Marke. Konzepte – Beispiele – Experteninterviews*, Göttingen: BusinessVillage 2011, S. 188
4 Die Namen der drei Beispielpersonen wurden abgeändert.
5 Al Ries und Jack Trout: *Positioning: The Battle for Your Mind*, New York: HarperCollins 1993, S. 25
6 Gerd Gigerenzer: *Bauchentscheidungen. Die Intelligenz des Unbewussten und die Macht der Intuition*, München: Goldmann, 2. Aufl. 2008 (Bucheinführung)
7 Vgl. Albert Mehrabian: *Silent Messages. Implicit Communication of Emotions and Attitudes*, Belmont: Wadsworth Publishing, 2. Aufl. 1980
8 Nach Markus Hofmann: *Hirn in Hochform. So funktioniert Ihr Gehirn – So verbessern Sie spielend leicht Ihr Gedächtnis*, Wien: Carl Ueberreuter 2008, S. 25 ff.
9 Peter Fischli und David Weiss: *Findet mich das Glück?*, Köln: König, Walther, 4. Aufl. 2007
10 Werner Tiki Küstenmacher: *JesusLuxus. Die Kunst wahrhaft verschwenderischen Lebens*, München: Kösel, 2. Aufl. 2008, S. 34
11 Al Ries und Jack Trout: *Die 22 unumstößlichen Gebote im Marketing*, Berlin: Econ-TB 2001, S. 67
12 Siehe hierzu auch Franz-Rudolf Esch: *Strategie und Technik der Markenführung*, München; Franz Vahlen., 4., überarb. u. erw. Aufl. 2007
13 Abbildung aus Franz-Rudolf Esch, a.a.O., S. 95
14 Diese Ansätze sind vielversprechend: Mercedes: dauerhaft, langlebig; Audi: Technik; Volvo: sicher; Porsche: Sport; MINI: Spaß

15 Teilweise nach Allan Paivio: *Mental Representations. A Dual Coding Approach*, Oxford: Oxford University Press 1986

16 Teilweise nach Werner Kroeber-Riel: *Bildkommunikation. Imagerystrategien für die Werbung*, München: Franz Vahlen 1993

17 Vgl. Gerd Gigerenzer, a.a.O., S. 39 f.

18 Peter Fischli und David Weiss, a.a.O.

19 Nach Paul Watzlawick: *Anleitung zum Unglücklichsein*, München: dtv, 2. Aufl. 1993, S. 36

20 Sabine Asgodom: *Lebe wild und unersättlich! 10 Freiheiten für Frauen, die mehr vom Leben wollen*, München: Kösel, 9. Aufl. 2008, S. 29

21 Karolina Frenzel, Michael Müller und Hermann Sottong: *Storytelling. Das Harun-al-Raschid-Prinzip. Die Kraft des Erzählens fürs Unternehmen nutzen*, München: Hanser 2004, S. 17

22 Vgl. http://futurezone.at/netzpolitik/was-nicht-im-web-ist-existiert-nicht/24.572.059

23 Vgl. http://www.cluetrain.com/auf-deutsch.html

Literatur

Aaker, David A.; *Building Strong Brands*, New York: The Free Press 1996

Asgodom, Sabine: *Lebe wild und unersättlich! 10 Freiheiten für Frauen, die mehr vom Leben wollen*, München: Kösel, 9. Aufl. 2008

Berndt, Jon Christoph: *Die stärkste Marke sind Sie selbst! Das Human Branding Praxisbuch*, München: Kösel, 2. Aufl. 2014

Berndt, Jon Christoph; Henkel, Sven: *Brand New. Was starke Marken heute wirklich brauchen*, München: Redline 2014

Domizlaff, Hans: *Die Gewinnung des öffentlichen Vertrauens. Ein Lehrbuch der Markentechnik*, Hamburg: Marketing Journal, 7. Aufl. 2005

Esch, Franz-Rudolf: *Strategie und Technik der Markenführung*, München: Franz Vahlen, 4., überarb. u. erw. Aufl. 2007

Fischli, Peter; Weiss, David: *Findet mich das Glück?*, Köln: König, Walter, 4. Aufl. 2003

Frenzel, Karolina; Müller, Michael; Sottong, Hermann: *Storytelling. Das Harun-al-Raschid-Prinzip. Die Kraft des Erzählens fürs Unternehmen nutzen*, München: Hanser 2004

Gigerenzer, Gerd: *Bauchentscheidungen. Die Intelligenz des Unbewussten und die Macht der Intuition*, München: Goldmann, 2. Aufl. 2008

Herbst, Dieter (Hrsg.): *Der Mensch als Marke. Konzepte – Beispiele - Experteninterviews*, Göttingen: BusinessVillage 2011

Hofmann, Markus: *Hirn in Hochform. So funktioniert Ihr Gehirn – So verbessern Sie spielend leicht Ihr Gedächtnis*, Wien: Ueberreuter 2008

Küstenmacher, Werner Tiki: *JesusLuxus. Die Kunst wahrhaft verschwenderischen Lebens*, München: Kösel, 2. Aufl. 2008

Kroeber-Riel, Werner: *Bildkommunikation. Imagerystrategien für die Werbung*, München: Franz Vahlen 1993

Motsch, Elisabeth; Berndt, Jon Christoph: *Stil. Punkt. Persönlichkeit als Marke – Kleidung als Statement*, Berlin/Wien: Goldegg 2014

Paivio, Allan: *Mental Representations. A Dual Coding Approach*, Oxford: Oxford University Press 1986

Ries, Al; Trout, Jack: *Die 22 unumstößlichen Gebote im Marketing*, Berlin: Econ-TB 2001

Ries, Al; Trout, Jack: *Positioning: The Battle for Your Mind*, New York: HarperCollins 1993

Sendak, Maurice: *Higgelti Piggelti Pop! Es muss im Leben mehr als alles geben*, Zürich: Diogenes 2009

Tomczak, Torsten; Kernstock, Joachim; Esch, Franz-Rudolf; Herrmann, Andreas (Hrsg.): *Behavioral Branding. Wie Mitarbeiterverhalten die Marke stärkt*, Wiesbaden: Gabler, 3. Aufl. 2012

Trout, Jack: *Big Brands, Big Trouble. Lessons Learned The Hard Way*, John Wiley & Sons 2002

Watzlawick, Paul: *Anleitung zum Unglücklichsein*, München: dtv, 2. Aufl. 1993

Fotonachweis

S. 28, 37, 51, 63, 101, 113, 133, 147, 167, 179, 191, 205: Quirin Leppert

S. 57: Sammy Hart

S. 228: Sushi: Paul-Georg Meister / PIXELIO; Tropfen: Tanakawho, »Dancing water«, some rights reserved. Quelle: www.piqs.de

S. 229: Kaktus: marika / PIXELIO; Feuer: Paul-Georg Meister / PIXELIO; Brandung: Andreas Hermsdorf / PIXELIO

S. 236: Würfel: Rainer Sturm / PIXELIO; Karussell: Matze / PIXELIO; Brot: Joujou / PIXELIO

S. 237: Radfahrer: Thomas Gerstmann, Team Free2Ride / PIXELIO; Wegweiser: S. Hofschlaeger / PIXELIO

S. 242: Luftsprung: Jörg Kleinschmidt / PIXELIO; Puzzle: S. Hofschlaeger / PIXELIO; Pokal: Rainer Sturm / PIXELIO; Hängeregister: Claudia Hautumm / PIXELIO; Radausflug: Viola / PIXELIO

Ihre Zugangsdaten

Für Ihren exklusiven Zugang zu allen Arbeitsblättern, Fotos und weiteren Materialien gehen Sie auf die Website

www.human-branding.de

Dort geben Sie Ihre persönlichen Zugangsdaten ein:

User:
buchleser
(bitte achten Sie auf die Kleinschreibung!)

Passwort:
18247

Coaching
Jon Christoph Berndt®
Die stärkste Marke sind Sie selbst!
Das Human Branding Praxisbuch
KÖSEL